Nelson Zamora V.
Terence D. Pennington

Guabas y cuajiniquiles de Costa Rica

(*Inga* spp.)

Ilustraciones de

Alvaro Fernández
Francisco Quesada
Rosemary Wise

ROYAL BOTANIC GARDENS KEW

INBio
Instituto Nacional de Biodiversidad

634.6
Z25g Zamora Villalobos, Nelson
Guabas y cuajiniquiles de Costa Rica (*Inga* spp.) / Nelson Zamora Villalobos ; Pennington, Terence D. ; ilustrado por Alvaro Fernández, Francisco Quesada y Rosemary Wise. -- 1 ed.-- Santo Domingo de Heredia, Costa Rica : Instituto Nacional de Biodiversidad, INBio, 2001
200 p. : ils. ; 12,7 cm x 20,3 cm

ISBN 9968 - 702 - 44 - 7

1. Árboles tropicales. 2. Árboles de Costa Rica. 3. Biodiversidad. 4. Árboles frutales. I. Pennington, Terence D. II. Alvaro Fernández, il. III. Quesada, Francisco, il. IV. Wise, Rosemary, il. VI. Título.

Coordinador editorial: Fabio Rojas C.

Editora: Diana Ávila S.

Diseño y diagramación: Rodrigo Granados J.

Ilustraciones: Alvaro Fernández, Francisco Quesada y Rosemary Wise

Revisor científico: Luis J. Poveda

Fotografías de cubierta: Reinaldo Aguilar; en portada *Inga bella*, en contraportada *I. thibaudiana*, *I. polita* e *I. jinicuil*

Sección fotográfica: Reinaldo Aguilar, María Marta Chavarría, Adrián Guadamuz, Barry Hammel, Paul J. M. Maas, Daniel Pérez, Mauricio Ramírez, Alexander Rodríguez y Nelson Zamora

Primera edición, 2001, 1.500 ejemplares

Hecho en Costa Rica por la **Editorial INBio**

Agradecimientos

Este estudio fue financiado en parte por la Administración para el Desarrollo de Ultramar (ODA) del Reino Unido, a través de los proyectos R. 4729 y R. 6075 del Programa de Investigación Forestal, Instituto Forestal de Oxford.

Agradecemos al Departamento de Servicios de Información del Royal Botanic Garden de Kew, por conceder el derecho de usar los detalles de las glándulas para las ilustraciones de cada una de las especies y los dibujos completos de las siguientes: *I. capitata, I. bracteifera, I. jefensis* e *I. tenuiloba*, publicados en el libro "The genus *Inga* Botany" en 1997.

El primer autor agradece al Missouri Botanical Garden, por su apoyo económico a través del proyecto "Manual de Plantas de Costa Rica", que permitió varias visitas de largo plazo para la revisión de las colecciones de su herbario y de literatura; también al New York Botanical Garden, por su apoyo económico mediante la beca Rupert Barneby, que hizo posible estudiar y revisar importantes colecciones de su herbario.

A Michael Grayum y Barry Hammel, coordinadores del proyecto "Manual de Plantas de Costa Rica", por su apoyo a lo largo de esta investigación.

A Alvaro Fernández, Francisco Quesada y Rosemary Wise, por las ilustraciones; a Reinaldo Aguilar, por su enorme contribución en la mayoría de las fotografías; y a Luis J. Poveda, por su valiosa revisión técnica.

Finalmente, al Área de Conservación Guanacaste (ACG), por ceder los derechos de uso de algunas fotografías de su proyecto ACG-CRUSA, NSF DEB-9705072, DEB-0072730.

Los autores

Contenido

Introducción

El género *Inga* pertenece al grupo de las leguminosas (Fabaceae), específicamente a la subfamilia Mimosoideae. Las leguminosas son fáciles de reconocer en forma vegetativa por sus hojas generalmente compuestas (imparipinnadas, paripinnadas, trifolioladas, bipinnadas, rara vez unifolioladas), alternas, con el borde entero (muy raras veces con dientes), con estípulas, con los pecíolos y peciolulos claramente cilíndricos, pulvinulados y la corteza interna y las hojas –cuando frescas– con olor a frijol al ser estrujadas. Las leguminosas son la tercera familia de plantas más diversa del mundo, después de las orquídeas y las compuestas, con aproximadamente 650 géneros y 18.000 especies, e incluyen desde hierbas pequeñas, arbustos, bejucos y subarbustos hasta árboles gigantes.

Las leguminosas tienen una gran importancia económica, ya que proporcionan bienes como granos, aceites, gomas, plaguicidas, medicinas, madera (incluyendo ebanistería fina), taninos, leña, ornamentales y otros. Las hojas de algunas especies de los géneros *Inga, Erythrina, Leucaena, Lonchocarpus, Pterocarpus,* etc., también sirven de forraje a muchos animales, como monos y mariposas del género *Morpho*, de las cuales es su alimento preferido. Además, la mayoría de ellas (especialmente Papilionoideae y Mimosoideae) tiene la capacidad de fijar el nitrógeno de la atmósfera y convertirlo en componentes de gran beneficio para el crecimiento y desarrollo de otras plantas, al ser utilizadas en prácticas agroforestales.

El propósito de esta guía de campo es ayudar al conocimiento de las especies de este importante género de árboles, mediante su correcta identificación con la ayuda de datos, mapas, ilustraciones y fotografías (en el caso de algunas de ellas). Las descripciones son breves y se han uniformizado entre las especies con fines comparativos. En unas pocas líneas se mencionan las características más importantes de cada una y la afinidad con otras especies, en caso de que la haya. Además, se incluye información sobre distribución, fenología, hábitat y usos.

Historia taxonómica

Varios autores han hecho contribuciones muy importantes para aclarar la situación taxonómica de las especies de este complejo y vasto género. Dentro de los estudios más recientes, podemos citar los de Pittier 1916, 1929; León 1966 y Sousa 1993, que han sido regionales (Mesoamérica); o locales como el de la Guyana Francesa (Poncy 1985) y Costa Rica (Zamora 1991). El género *Inga* fue tratado de manera integral por Bentham, 1845, 1875, por esta razón era necesario y urgente actualizarlo taxonómicamente en todo su rango de distribución, a fin de visualizar mejor la variación y diversidad de sus especies. Este esfuerzo lo realizó en fecha reciente (1997) el Dr. Terence Pennington, en su libro "The genus *Inga* Botany".

El género *Inga* se reconoce fácilmente en forma vegetativa por sus hojas paripinnadas, alternas, con el raquis alado o no alado y siempre con una glándula entre cada par de folíolos.

Morfología

Hábito

Todas las especies de *Inga* son árboles, de tamaño pequeño a grande. En Costa Rica una de las especies de menor porte es *I. skutchii*, con 3-4 metros, por lo cual a veces es parte del sotobosque. Dentro de las que alcanzan mayor tamaño están *I. leiocalycina*, *I. alba* e *I. allenii*, con 30-40 metros. Los troncos carecen de gambas (excepto las antes citadas) y generalmente tienen una copa abierta y muy ramificada, la corteza externa es lisa y lenticelada y en *I. alba* e *I. leiocalycina* exfolia en pequeñas placas. Se debe mencionar que la corteza pardo rojizo característica de *I. leiocalycina* se desprende en forma casi granulada por la acción de la ardilla *Microciurus*, que aparentemente se alimenta de ella. Este mismo fenómeno se observa en el tronco del árbol de *Huberodendron allenii* (Bombacaceae). La corteza interna es dura a muy dura y a veces arenosa por el alto contenido de células pétreas (braquiesclereidas), como algunas Chrysobalanaceae.

Pubescencia o indumento

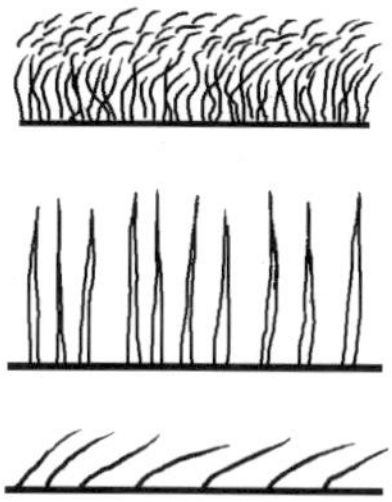

La pubescencia es variable; las hay desde sin pelos o glabras hasta con una pubescencia densa ferrugínea con pelos largos o cortos, o a veces con evidentes escamillas (tricomas lepidotos). En algunos grupos de especies la pubescencia ayuda en el proceso de identificación, ya que de acuerdo a ésta se pueden agrupar por especies afines.

Estípulas

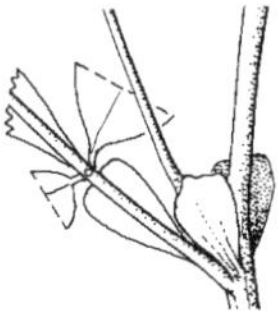

Las estípulas también son variables y van desde deciduas hasta persistentes y desde lineares hasta foliáceas. Estípulas conspicuas se observan en *I. jefensis, I. bella, I. goldmanii, I. sapindoides, I. jinicuil* e *I. tonduzii*, entre otras.

Hojas

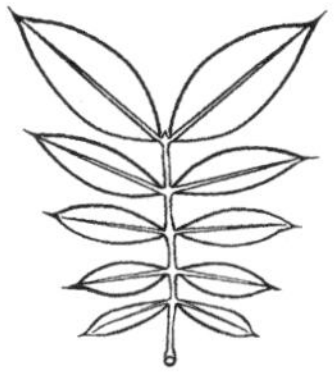

Las hojas son pinnadas y terminan en 1 par de folíolos; los folíolos son opuestos y varían desde hojas con 1 par hasta 13 pares. El raquis puede ser alado o sin alas; curiosamente, de las 53 especies conocidas hasta el momento en Costa Rica, más o menos la mitad tiene el raquis alado; las alas varían desde anchas hasta muy estrechas.

Algunas especies, como *I. thibaudiana, I. cocleensis, I. exalata* e *I. acrocephala*, tienen el raquis cilíndrico, pero en estados juveniles las plántulas o brinzales tienen el raquis alado en las secciones interfoliolares distales y el ala desaparece conforme la planta se desarrolla. Especies como *I. densiflora* presentan una fuerte variación, y el raquis puede ser alado o sin alas y las hojas pubescentes o no en individuos adultos. En *I. oerstediana* se da una situación interesante, ya que algunos individuos de elevaciones altas (1.300-2.050 m) tienen hojas con el raquis cilíndrico, aún cuando todos los individuos en todo su rango de distribución altitudinal tienen el raquis ancho-alado. Mientras que en *I. marginata* se da una situación más

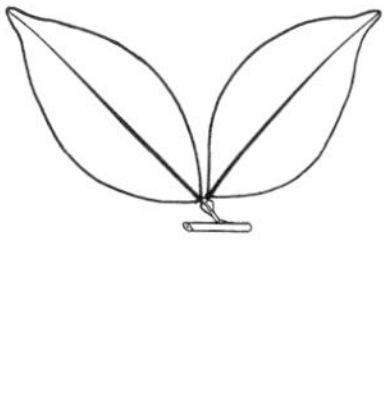

o menos opuesta, en la cual individuos que crecen arriba de los 1.000 m tienen hojas con 3 pares de folíolos y el raquis no es alado, lo cual contrasta con su patrón normal de hojas con el raquis alado y 2 pares de folíolos en elevaciones inferiores. En algunas especies es característica la tonalidad pardo rojizo de las hojas jóvenes, como en *I. marginata* e *Inga bracteifera;* verde pálido en *I. punctata* e *I. ruiziana*, verde pálido blanquecino en *I. leonis* y verde amarillento en *I. venusta.*

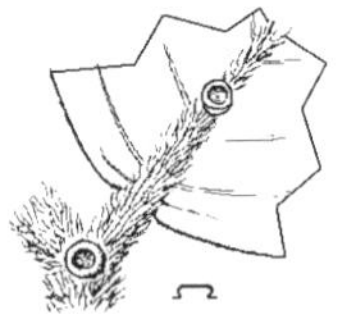

Glándulas

Una característica taxonómica muy importante la constituyen las glándulas interfoliolares, que de manera consistente están presentes en todas las especies. Estas son variables en forma, estructura, tamaño y disposición, y asociadas a otras características de la planta (frutos, flores, etc.) permiten conformar grupos de especies afines (ver ordenamiento de los frutos en págs. 189 a 192). Especies como *I. goldmanii, I. canonegrensis* e *I. chocoensis* tienen glándulas en la vena central de los folíolos terminales. Otro grupo de especies, que incluyen a *I. ciliata, I. bracteifera, I. tenuiloba, I. jimenezii* e *I. tonduzii*, se caracterizan por tener glándulas interfoliolares delgadas y largo-estipitadas, pubescencia híspida con pelos dorados o rojizos y ramitas con estípulas conspicuas. *I. allenii* tiene una glándula alargada muy particular en forma de pene.

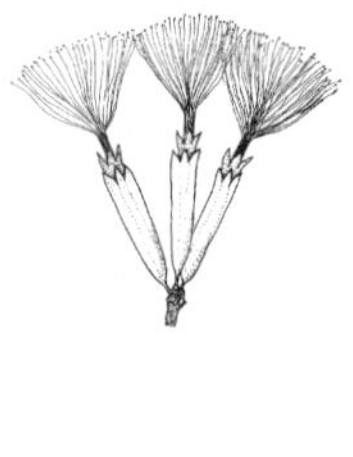

Inflorescencia

El tipo de inflorescencia dominante en las especies de Costa Rica es la espiga o el racimo con transición a espiga. De las 53 especies conocidas, 42 tienen este tipo de inflorescencia; la longitud del raquis floral es variable, desde muy corto como en *I. alba* hasta largo como en *I. coruscans* e *I. marginata.* Le siguen seis especies con inflorescencia umbelada y cinco con inflorescencia capitulada. Por lo general, las brácteas son persistentes y tienen un importante valor taxonómico. Se ha notado, según muestras de herbario y trabajo de campo, que cuando la inflorescencia es una espiga, generalmente la fertilización se da en aquellas flores de la parte basal de la misma. En Costa Rica, sólo en *I. jefensis* la inflorescencia sale del tronco y las ramitas gruesas.

Flores

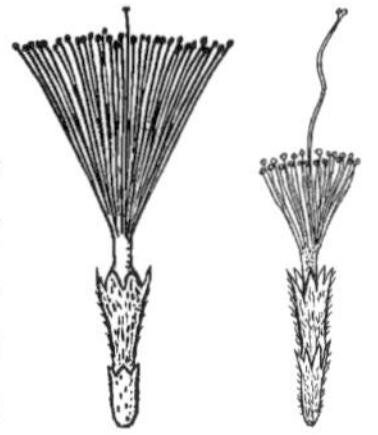

Las flores son desde tubulares hasta campanuladas y tienen estambres numerosos, desde 25-230 en cada flor (Koptur, 1983) siendo éstos la parte más vistosa de la misma. Varían en tamaño, desde 4-5 mm de largo en *I. alba* hasta 3,8-5 cm en *I. bella*. La mayoría de las especies tiene flores blancas y a veces amarillentas, como *I. venusta, I. sapindoides*, etc. La floración generalmente es abundante.

Frutos

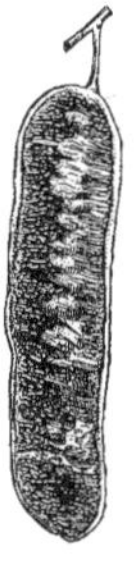

Los frutos son indehiscentes y en ocasiones se han observado abiertos o depredados en el árbol, principalmente por monos y ardillas. En términos generales, en las especies costarricenses se distinguen tres tipos de frutos (ver ordenamiento de los frutos en págs. 189 a 192):

- aplanados, alargados y glabros; pueden ser desde estrechos (1-1,5 cm como en *I. stenophylla*) hasta anchos (5-7 cm como en *I. jinicuil*).
- cuadrangulares o subcuadrangulares, donde la única especie que tiene el fruto esencialmente glabro es *I. sapindoides*; el resto tiene el fruto densamente ferrugíneo-pubescente (por ej. *I. goldmanii, I. tonduzii, I. exalata*).
- cilíndricos o subcilíndricos, a veces torcidos o espiralados, con la superficie surcada y con pubescencia ferrugínea (por ej. *I. edulis, I. oerstediana, I. chocoensis*).

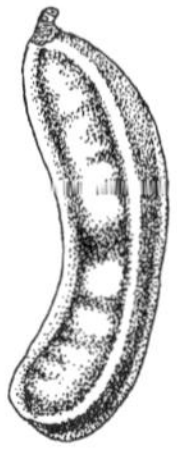

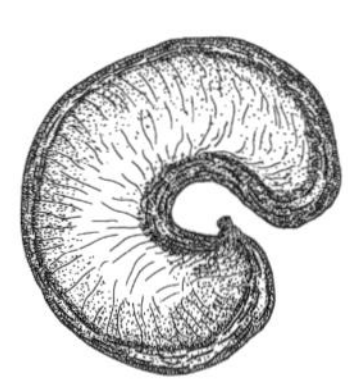

La mayor atracción de los frutos es la cubierta carnosa, dulce y jugosa que envuelve las semillas, la cual es comestible y deliciosa, además de representar un importante recurso para la fauna silvestre. En algunas especies, como *I. edulis, I. densiflora, I. spectabilis* e

I. jinicuil, es abundante y por esa razón los frutos se comercializan en mercados locales. El tamaño (largo) de los frutos es variable y va desde pocos centímetros hasta 2 metros, en *I. edulis*.

Se dan casos de viviparidad, donde las semillas germinan estando los frutos en el árbol, como en *I. jinicuil*; dicho sea de paso, las semillas de esta especie son altamente apetecidas para el consumo humano, ya sea asadas o cocinadas en agua, por ser muy ricas en proteínas y otros nutrientes.

Un sólo individuo puede llegar a producir más de 100 frutos.

Hábitat

La mayoría de las especies prefiere sitios abiertos o con luz abundante, como orillas de caminos, ríos, tacotales, vegetación secundaria y claros en el bosque. Esto se debe a que las semillas necesitan mucha luz y suficiente humedad para germinar. En bosques muy húmedos intervenidos por la explotación maderera, en la zona norte del país, encontramos que *Inga* es el género con mayor número de especies (Zamora inéd.). También encontramos el mismo comportamiento en bosques no intervenidos de la Península de Osa (Zamora y Aguilar inéd.), mientras que en el bosque seco de la costa Pacífica sólo crece una especie (*I. vera*) y se encuentra a lo largo de los ríos, lo cual muestra su dependencia de la humedad. Vale indicar que especies como *I. multijuga* son abundantes en la zona costera del suroeste del país, y con frecuencia en bosques inundados de la costa sureste. Además, se ha observado que *I. ciliata* es común en algunos bosques inundados de la zona norte y el litoral Atlántico.

Distribución

El género *Inga* está restringido al trópico americano, desde Durango y Coahuila en México (25° N) hasta el delta del río La Plata en Uruguay (34° S) (León, 1966). En la región mesoamericana, este género cuenta con un total de 80 especies, de ellas unas 42 (53%) son exclusivas de la región y unas 37 (47%) tienen una distribución amplia aunque la

Mapa de distribución de especies basado en colecciones de herbario

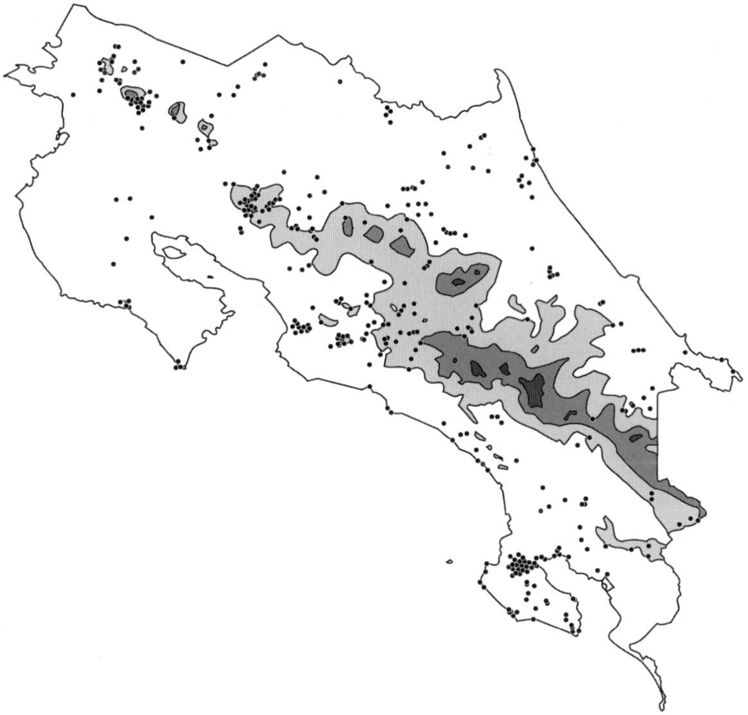

mayoría son suramericanas. Del total de especies (80) de la región mesoamericana, 53 (65%) ocurren en Costa Rica y de ellas 12 (21%) son endémicas hasta el momento. En Costa Rica el género *Inga* está ampliamente distribuido, principalmente en elevaciones medianas a bajas, con climas húmedos a muy húmedos, y sólo una especie (*I. vera*) se encuentra en climas secos. Aproximadamente el 15% de las especies del país alcanza y crece en los bosques montanos o nubosos; estas especies tienen una distribución altitudinal de elevaciones altas (2.000 m) a medianas (500-600 m). El límite superior (2.050 m) lo marcan algunas especies como *I. oerstediana* e *I. micheliana*. Otro grupo de especies, cerca del 15%, tienen un patrón opuesto ya que son típicas de zonas bajas (0 m) hasta medianas-altas (1.000-1.500 m). Las especies con mayor rango de distribución altitudinal son *I. oerstediana, I. densiflora* e *I. punctata*. En el mapa se muestra la distribución del género con base en especímenes de herbario, de manera que la concentración de puntos en algunas localidades, como la Península de Osa, se debe a un mayor número de recolecciones.

Diversidad

El género *Inga* es bastante diverso, con unas 300 especies aproximadamente, y tiene su centro de mayor diversidad en Suramérica. En algunos países, como Brasil, se han registrado hasta 140 especies (Pennington, 1997). En Costa Rica se conocen 53 especies (ver Fig. 1), constituyendo así el género de árboles con mayor número de especies en este país.

El Cuadro I muestra algunos datos numéricos sobre la diversidad de especies de *Inga* registradas en algunos bosques de Costa Rica, donde se observa que el número de especies por hectárea va de 4 a 7,6 tanto en bosques primarios como en bosques con intervención. En los bosques primarios de la Península de Osa (sitios 1 y 2) se ha registrado una diversidad de 6 a 7,5 especies por hectárea (Zamora y Aguilar inéd.; Huber y Weissenhofer inéd.). Se nota además que la región de Osa es rica en especies de este género; aún cuando el número de parcelas es menor al de los otros sitios, la cantidad de especies es relativamente similar a aquellos sitios con mayor número de parcelas. Los sitios 3 a 5 cubren en términos generales la gran región norte del país, y las parcelas están ubicadas en bosques intervenidos o bosques primarios bajo manejo técnico de estudios de largo plazo (sitios 4 y 5), la diversidad registrada va de 4 a 7,6 especies por hectárea. Sitios como la Tirimbina, en Sarapiquí, tienen el mayor número de especies por hectárea hasta el momento para esta región (Zamora inéd.; Finegan, Delgado y Zamora inéd.).

Figura 1

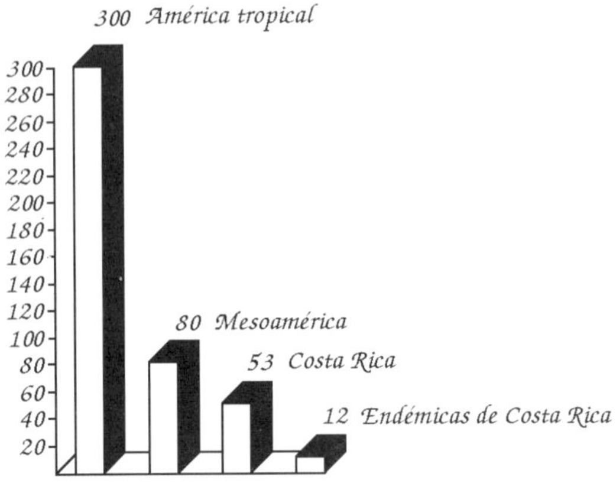

Comparación en número de especies entre Costa Rica y el resto de América tropical.

Cuadro I

Número de individuos del género *Inga* registrados en parcelas de una hectárea Costa Rica

Especie	Sitio 1	Sitio 2	Sitio 3	Sitio 4	Sitio 5
Inga acrocephala	5	1	-	-	-
Inga acuminata	2	2	3	2	-
Inga alba	2	2	10	12	1
Inga allenii	1	-	2	4	6
Inga bella	3	-	-	-	-
Inga capitata	-	-	5	-	-
Inga ciliata	-	-	1	-	-
Inga chocoensis	-	-	7	-	7
Inga cocleensis	-	-	13	4	-
Inga coruscans	1	-	-	-	-
Inga densiflora	2	5	4	3	-
Inga edulis	-	-	-	2	-
Inga goldmanii	1	5	4	-	-
Inga jimenezii	21	-	-	-	-
Inga jinicuil	2	2	6	-	2
Inga leiocalycina	-	-	-	-	9
Inga marginata	2	2	1	-	-
Inga mortoniana	-	-	-	6	1
Inga nobilis	4	-	1	-	-
Inga oerstediana	-	2	-	-	-
Inga pezizifera	3	5	7	20	1
Inga polita	-	2	-	-	-
Inga punctata	-	-	-	5	-
Inga samanensis	-	-	-	9	14
Inga sapindoides	1	2	3	-	2
Inga sertulifera	2	-	13	6	-
Inga spectabilis	1	-	-	5	-
Inga thibaudiana	3	4	17	27	11
Inga umbellifera	5	3	9	8	7
Inga venusta	10	3	16		-
TOTAL 30 spp.					
Individuos	71	40	132	113	61
Especies	19	15	21	16	11
Promedios/hectárea					
Individuos	17,7	10	8,2	12,5	6,7
Especies	6	7,5	4,8	7,6	4

Sitio 1. Número de parcelas 4, bosque primario, Península de Osa (Zamora y Aguilar inéd.)
Sitio 2. Número de parcelas 4, bosque primario, Parque Nacional Piedras Blancas (Huber y Weissenhofer inéd.)
Sitio 3. Número de parcelas 16, bosque intervenido, Zona Norte (Zamora inéd.).
Sitio 4. Número de parcelas 9, bosque primario intervenido, La Tirimbina (Finegan, Delgado y Zamora inéd.)
Sitio 5. Número de parcelas 9, bosque primario intervenido, Corinto (Camacho, Orozco y Zamora inéd.)

De manera global, las diferencias en el número de especies por hectárea en bosques, tanto primarios como intervenidos, no difieren sustancialmente. Para los bosques primarios ésto viene a ser un resultado interesante, ya que sabemos que las especies de *Inga* prefieren sitios con mayor luminosidad; posiblemente ésto se deba a que durante la formación natural de claros en el bosque, las especies aprovechan muy bien estos espacios con su rápido crecimiento. En bosques intervenidos, una condición análoga también podría estar simulando o cumpliendo la intervención del aprovechamiento forestal cuando no es muy severa o es controlada. Aunque por sus características ecológicas (heliófitas) las especies de *Inga* figuran entre las colonizadoras, las cuales cumplen una función importante en la recuperación de bosques perturbados, podrían ser hasta más diversas en bosques aprovechados que en bosques primarios (Finegan, com. pers.). Asociado a lo anterior, se ha encontrado que en parcelas ubicadas en bosques secundarios (Sitio 4), con una tercera fase de sucesión, la diversidad es hasta de 9 spp./héct., y hasta de un total de 12 especies en una sola parcela (Finegan, Delgado y Zamora inéd.).

Vale la pena indicar que las especies *I. acrocephala, I. bella, I. capitata, I. jimenezii*, e *I. polita* tienen una distribución restringida a la parte suroeste del país, mientras que *I. ciliata, I. chocoensis, I. leiocalycina, I. mortoniana* e *I. samanensis* están restringidas a la zona norte y Atlántica; lo cual resulta en que del total de especies (30) indicadas en el Cuadro I, 19 son compartidas entre ambas regiones.

Figura 2

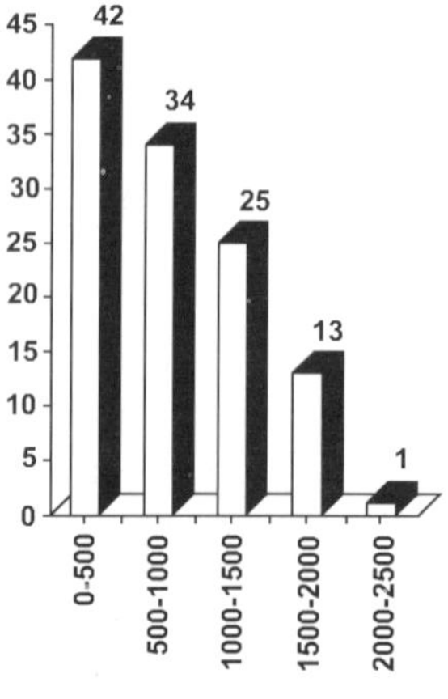

Diversidad altitudinal de las especies del género *Inga* en Costa Rica.

Figura 3

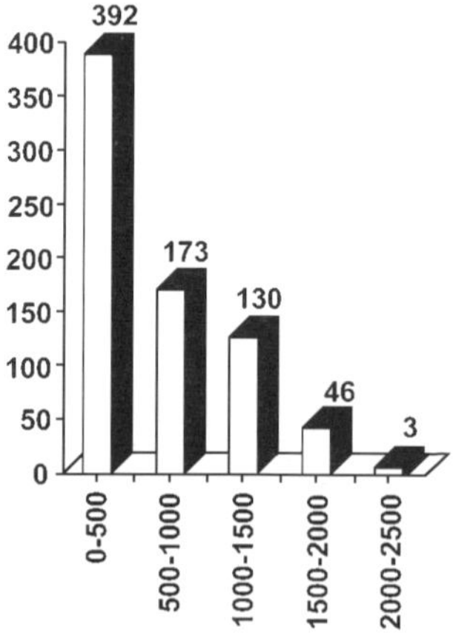

Número de especímenes del género *Inga* recolectados por rango altitudinal.

La diversidad de especies mantiene niveles significativos aún en parcelas de menor tamaño (0,2 héct.), con un promedio de 4,5 spp./0,2 héct., resultado que se encontró en seis parcelas ubicadas en el Sitio 4 (Finegan, Delgado y Zamora inéd.).

Al estudiar 774 especímenes de herbario (Herbario del Instituto Nacional de Biodiversidad y Herbario Nacional de Costa Rica.) recolectados en todo el país, se observa en la Fig. 2 que la diversidad de especies disminuye notablemente con la elevación y que la mayor diversidad se localiza en las elevaciones bajas, pero existe un número significativo en elevaciones intermedias, por lo que en general *Inga* es un género de elevaciones medianas a bajas. Además se observa que el límite superior del género es 2.050 m, repesentado por sólo una especie (*I. oerstediana*).

La Fig. 3 muestra una relación lógica en la cual la cantidad de especímenes recolectados está asociada directamente con el número de especies.

Endemismo

De las 53 especies conocidas del país, 12 (21%) son endémicas: *I. bella, I. bracteifera, I. golfodulcensis, I. jimenezii, I. litoralis, I. skutchii* e *I. tenuiloba* se encuentran en elevaciones bajas de la parte central de la vertiente Pacífica, desde la Reserva Biológica Carara hasta la Península de Osa; mientras que *I. herrerae, I. latipes, I. stenophylla* e *I. cotobrusensis* se conocen de la Cordillera de Guanacaste, la Cordillera de Tilarán, la Cordillera Central y la Cordillera de Talamanca. Por otro lado, *I. canonegrensis* se conoce sólo de la región de Caño Negro (Los Chiles). Contrariamente a otros grupos taxonómicos, el endemismo en el género se ubica hasta ahora en elevaciones medianas a bajas, lo cual concuerda con el patrón de mayor diversidad del mismo. Es importante mencionar que 33 (18%) especies se han descrito y publicado como nuevas para la ciencia a partir de material costarricense.

Abundancia

En el Cuadro I se muestra la abundancia de especies en estudios de parcelas de una hectárea, tanto en bosques intervenidos como primarios de la zona norte y parte suroeste del país. La topografía de los sitios es de plana a ondulada, de 0-400 m de altitud.

Aunque los estudios no se pueden comparar en el caso de aquellos sitios con distinto número de parcelas, hemos creído conveniente mostrar esta situación porque se observan algunos resultados interesantes. Por ejemplo, se nota que las especies de *Inga* contribuyen con un número significativo de individuos por hectárea en cada uno de los sitios. Al menos los sitios 3 y 4 muestran que el número de individuos en bosques intervenidos puede llegar a alcanzar cifras bastante altas, no así en el Sitio 4, el cual semeja más lo encontrado en bosques primarios. El Sitio 4 contiene mayor número de especies e individuos que el Sitio 5, ambos con igual número de parcelas.

Para la región de la Península de Osa las especies que resultaron con mayor número de individuos son *I. jimenezii* e *I. venusta*, pero se debe aclarar que *I. jimenezii* sólo se registró en la parcela de la Estación Sirena del Parque Nacional Corcovado. Mientras tanto, en la región norte son *I. alba, I. cocleensis, I. pezizifera, I. samanensis, I. sertulifera, I. thibaudiana* e *I. venusta*. Además se observa que las especies *I. alba, I. pezizifera, I. thibaudiana* e *I. umbellifera* se encontraron en todos los sitios estudiados, donde de manera significativa *I. thibaudiana* es la especie con mayor número total de individuos.

En resumen, en términos generales, la abundancia va desde 6,7 a 17,7 individuos por hectárea y las diferencias entre bosques primarios e intervenidos no son tan marcadas hasta el momento, según estos estudios; algunos bosques primarios de la Península de Osa llegan a tener mayor número de individuos que algunos bosques intervenidos. Estamos estableciendo más parcelas en el área para evaluar mejor este comportamiento.

Finalmente, en algunas parcelas en bosque secundarios (Sitio 4), con una tercera fase de sucesión, se han regsitrado de 30 a 59 individuos por hectárea (Finegan, Delgado y Zamora inéd.).

Fenología

Según Koptur (1983), al estudiar seis especies de *Inga* en la región de Monteverde encontró que la producción de flores en la mayoría de ellas se da en la transición de la estación lluviosa a la seca y en la estación seca, mientras que la fructificación ocurre en la transición de la estación seca a la lluviosa y en la estación lluviosa. Además encontró que, dependiendo de la especie, los períodos de floración van de 2 a 6 meses, pueden ser dos por año, y algunos individuos pueden tener flores todos los meses del año. En cuanto a los polinizadores, Koptur señala una diversidad de agentes, tales como abejones, moscas, avispas, mariposas, polillas, colibríes, murciélagos, entre otros, que visitan las flores simultáneamente según sea su actividad nocturna o diurna.

Al estudiar 744 colecciones de herbario de Costa Rica en estado reproductivo, se encontró que durante todo el año hay un buen número de especies con flores y/o frutos, variando desde 19 a 33 especies por mes. En las figuras siguientes se muestra el número de especies fértiles por mes:

Algunas relaciones bióticas

Estudios en la Estación Biológica La Selva, en Sarapiquí (Costa Rica) han demostrado que las especies de cucarachas *Balberus giganteus* y *Xestoblata hamata* se alimentan de la corteza del tronco de la especie *Inga leiocalycina*; la corteza contiene un nivel bajo en nitrógeno y alto en lípidos. Estos materiales los usan las hembras de cucaracha para dotar de reservas alimenticias a los huevos (Schal 1991). Además, se ha observado que la exfoliación del tronco en placas muy pequeñas, de forma granulada, se debe a la acción de las ardillas (*Microciurus*), que muerden y posiblemente toman algunas sustancias de la corteza, dándole una coloración rojiza característica (ver foto 51).

Las flores de *Inga* también son visitadas por murciélagos, como *Glossophaga soricina* (Howell 1991); aves, como *Vermivora peregrina* (Stiles 1991); mariposas, como *Catasticta teutilla* (De Vries 1991); abejones, moscas, avispas, polillas, colibríes, etc. (Koptur 1983). Ballou, citado por Wood (1991), señala que dentro de las plantas hospederas del membrácido (Homoptera) *Umbronia crassicornis* están las Ingas, entre otras.

Hay muchas clases de hormigas asociadas a *Inga* a la cual protegen, entre ellas están *Crematogaster limata palans, Camponotus subtitutus, Phiedole biconstricta, Myrmelachista* sp. y *Solenopsis* sp., las cuales "patrullan" las hojas nuevas en busca de néctar en los nectarios extraflorales (glándulas), protegiéndolas al mismo tiempo de insectos herbívoros (Koptur 1991). Además, este autor indica que las flores de *Inga* son visitadas por muchos organismos, pero los verdaderos polinizadores son aquellos cuyos períodos de actividad coinciden con los eventos florales de dehiscencia de las anteras y receptividad de los estigmas.

La raíces de la especie *Inga oerstediana* tienen una relación de parasitismo estricto con la planta *Prosopanche costaricensis* (Hydnoraceae) (ver fotos 72 y 73), que se ha observado principalmente en aquellos individuos de elevaciones bajas con climas muy húmedos de la vertiente Atlántica, donde la manera más práctica de ver este interesantísimo parásito es localizando los árboles de esta especie. Los frutos de *Inga* son comidos y dispersados por monos, ardillas, aves, humanos, etc. Las semillas son afectadas por larvas de moscas (Diptera [*Anestrepha* sp.]), (León 1966).

Las inflorescencias de *I. densiflora, I. jinicuil, I. pezizifera* e *I. punctata* con frecuencia se ven infestadas por el hongo *Mycosyrinx cissi* (DC.) Beck (ver fotos 84 y 85).

Importancia económica

El uso de los frutos de *Inga* se remonta unos 2.000 años atrás, ya que se encontraron restos de frutos y semillas de *I. feuillei* (Pacae) en tumbas de las tribus Chimu y Mochica de Perú (Pennington 1997) de esa época. La domesticación (uso) de los frutos de *Inga* posiblemente comenzó de manera independiente en diferentes lugares, utilizando distintas especies; en América Central se inició con especies como *I. jinicuil, I. densiflora* e *I. sapindoides,* entre otras (León 1998). Sin embargo, quizás la razón económica más importante para la domesticación de algunas especies es su utilización como árboles para sombra en plantaciones de café y consecuentemente la producción de leña generada por las podas, la cual es de alta calidad (León 1998).

La primera especie utilizada para sombra en cafetales de América Central fue *I. jinicuil* (=*I. paterno*), pero se abandonó por su alta susceptibilidad a la enfermedad (hongo) conocida como Escoba de bruja, Tiznón o Tizón [*Mycosyrinx cissi* (DC.) Beck], que ataca las flores (ver fotos 84 y 85); además, cuando la gente recogía los frutos causaba mucho daño a las plantas de café (León 1966). En la actualidad esta práctica está en vías de desaparecer y sólo quedan algunos pocos cafetales, por ejemplo en la región de Palmares (San Ramón), con especies como *I. punctata, I. densiflora* e *I. oerstediana,* por lo general cafetales de tamaño reducido pertenecientes a pequeños propietarios.

Algunas de las especies que han sido más utilizadas en Costa Rica, en especial por sus frutos, leña y como árboles de sombra en cafetales, son *I. punctata, I. densiflora, I. oerstediana, I. edulis, I. spectabilis* e *I. jinicuil*, estas tres últimas por sus frutos. Otras características importantes de estos árboles son su capacidad de fijar nitrógeno y el hecho de que la hojarasca de algunas especies mejora notablemente la fertilidad del suelo. Por esta razón, son muy utilizadas en sistemas agroforestales de cultivos en callejones, dado que aumentan la productividad, toleran suelos ácidos, se asocian fácilmente con otras especies, la poda las favorece y tienen una aparente resistencia a patógenos importantes de raíces (para más datos ver Hands 1998).

Todas las especies se propagan fácilmente por semilla, con casi 95-100% de germinación inmediata y algunas especies, como *I. edulis*, con crecimientos de 15-20 cm de diámetro en 2-3 años (Pennington 1997). Como ejemplo, en la región de Bluefields (Nicaragua) observamos crecimientos de hasta 4 m por año en *I. cocleensis* en condiciones de luz plena.

Hasta el momento sólo se conocen dos especies (*I. jinicuil* e *I. ilta*) cuyas semillas son comestibles; éstas se hierven en agua o se asan y luego se muelen para sopa. *I. ilta* tiene una característica muy particular y es que los frutos se caen del árbol cuando están maduros, lo cual favorece su recolección (Pennington 1997). Otro de sus usos es como especies melíferas, ya que las flores son ricas en néctar y polen y la floración es abundante y prolongada.

El género *Inga* muestra una amplia diversidad ecológica, lo cual proporcionaría un rango de especies disponibles para la mayoría de requerimientos y condiciones locales (Pennington 1997). En este sentido, Costa Rica cuenta con 53 especies y sólo se ha utilizado el 11% de ellas.

El lector podrá encontrar más información acerca de este importante capítulo y otros aspectos de la biología del género en la obra "The genus *Inga* Utilization" (Pennington y Fernandes 1998).

Clave de diagnóstico para las especies de *Inga* en Costa Rica

HOJAS CON EL RAQUIS NO ALADO

1- Folíolos 1-2 pares. CLAVE A

2- Folíolos 3 pares, raras veces hojas con 4 pares en la misma rama. CLAVE B

3- Folíolos 3-4 pares. CLAVE C

4- Folíolos más de 4 pares. CLAVE D

HOJAS CON EL RAQUIS ALADO

5- Folíolos 2 pares, rara vez 1 par en *I. polita* CLAVE E

6- Folíolos generalmente 3-4 pares, a veces hojas con 2 pares en la misma rama, pero nunca 5 pares. CLAVE F

7- Folíolos más de 4 pares, hojas nunca con 3-4 pares en la misma rama. CLAVE G

HOJAS CON EL RAQUIS NO ALADO

CLAVE A
Folíolos 1-2 pares

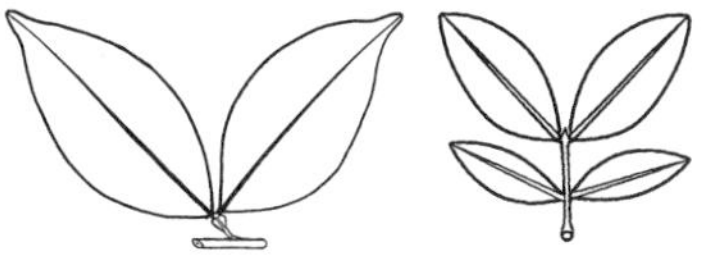

1 Inflorescencias espigas o capituladas. 2

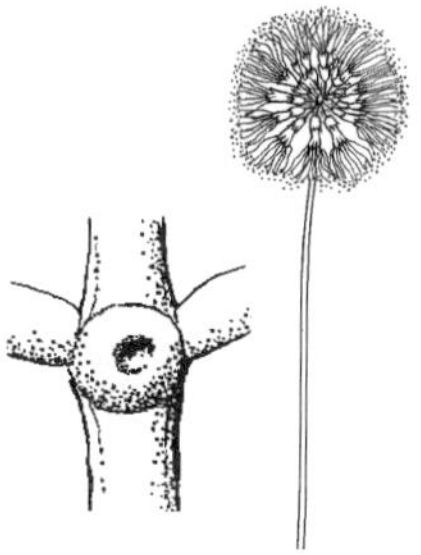

2. Inflorescencia capitulada. Ramitas, pecíolo y raquis lenticelado. *I. capitata*

2. Inflorescencias espigas. 3

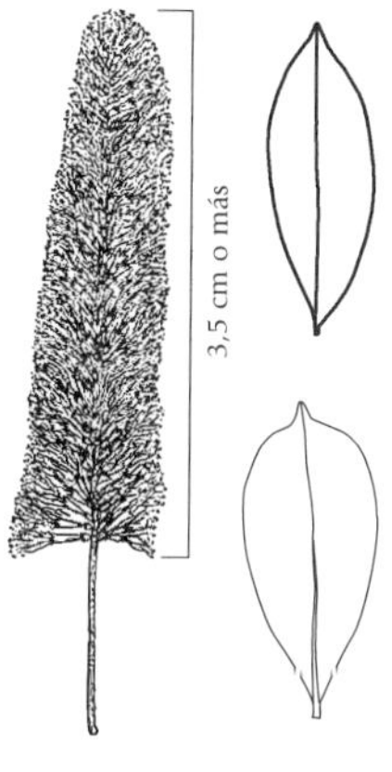

3. Espigas con el raquis floral más de 3,5 cm de largo. 4

4. Folíolos terminales de 5 cm o menos de ancho. Distribución región de los Chiles, Alajuela. *I. laurina*

4. Folíolos terminales más de 5 cm de ancho. Distribución principalmente parte suroeste de la vertiente del Pacífico. *I. coruscans*

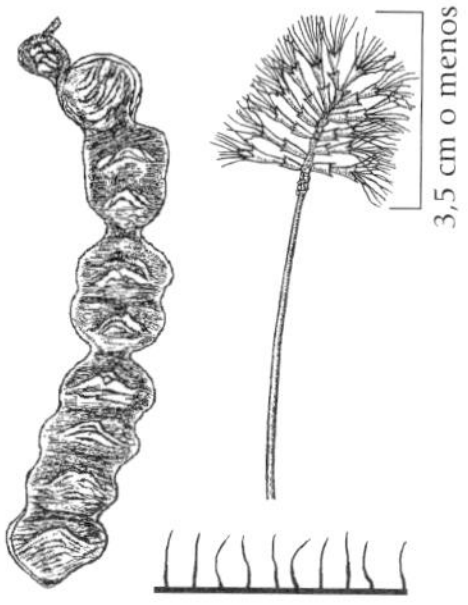

3. Espigas con el raquis floral menos de 3,5 cm de largo. 5

5. Ramitas terminales, raquis de las hojas e inflorescencias con una pubescencia ferrugínea corta. Frutos de 2,5-4 cm de ancho, con verrugas a la altura de las semillas. Árbol hasta 35 m de altura *I. leiocalycina*

5. Ramitas terminales, raquis de las hojas e inflorescencias con una pubescencia grisácea corta (visible con lupa 20 x). Frutos de 1-2,8 cm de ancho, lisos a la altura de las semillas. Árbol hasta 12 m de altura. ***I. punctata***

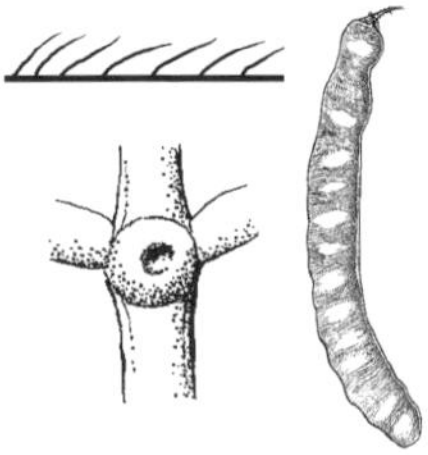

1. Inflorescencia umbela. 6

6. Hojas normalmente con 2 pares de folíolos, pedúnculo de la inflorescencia por lo general mayor de 1 cm de largo. ***I. sertulifera***

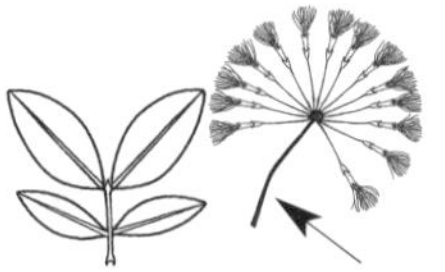

6. Hojas normalmente con 1 par de folíolos, pedúnculo de la inflorescencia de 1 cm o menos de largo. ***I. polita***

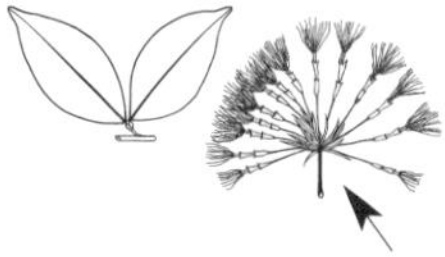

CLAVE B
Folíolos 3 pares, raras veces hojas con 4 pares en la misma rama

1. Inflorescencias espigas con el raquis floral largo (mayor de 3,5 cm de largo). 2

2. Folíolos terminales más de 5 cm de ancho. Distribución por abajo de los 1.000 m. ***I. coruscans***

2. Folíolos terminales menos de 5 cm de ancho. Distribución por encima de los 1.000 m. 3

3. Frutos aplanados o lisos a la altura de las semillas. Flores con el tubo estaminal incluido en la corola. ***I. longispica***

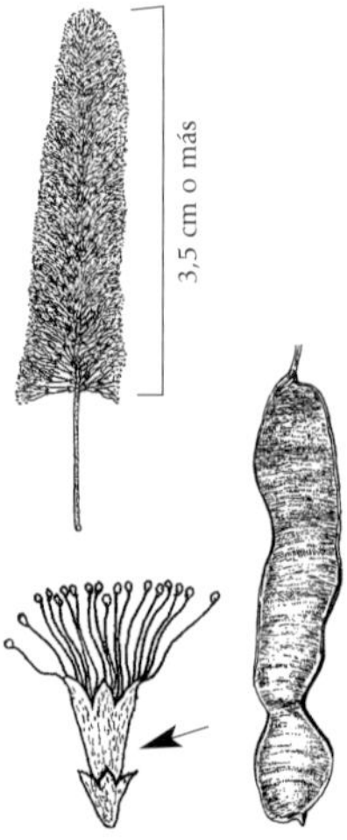

3. Frutos abultados a la altura de las semillas. Flores con el tubo estaminal exserto de la corola. *I. marginata*

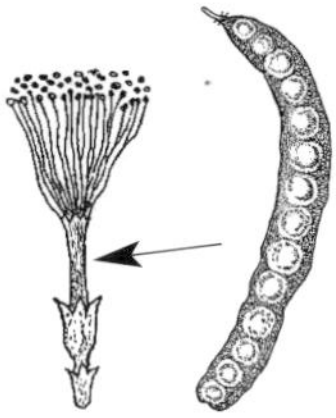

1. Inflorescencia capitulada o espigas muy cortas (raquis floral menos de 2,5 cm). 4

4. Glándulas del raquis foliar largo-estipitadas. Folíolos con el ápice abrupto-acuminado. *I. allenii*

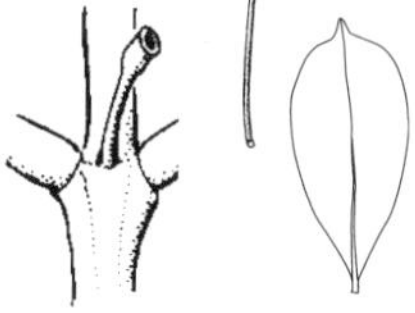

4. Glándulas del raquis foliar sésiles. 5

5. Las glándulas en forma de olla relativamente grandes (hasta 4 mm de ancho) y visibles. *I. latipes*

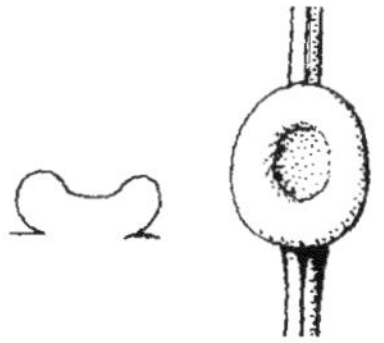

5. Las glándulas inconspicuas y relativamente pequeñas (menos de 2 mm de ancho). 6

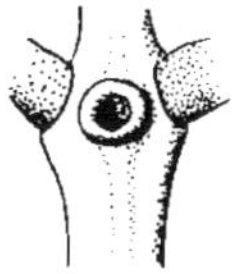

6. Frutos rectos, de 3,5-6(-7) cm de ancho. 7

7. Inflorescencia una espiga corta. Hojas a veces con el raquis foliar con un ala muy estrecha abajo de la unión de los folíolos terminales. Distribución en la parte suroeste del país. *I. acrocephala*

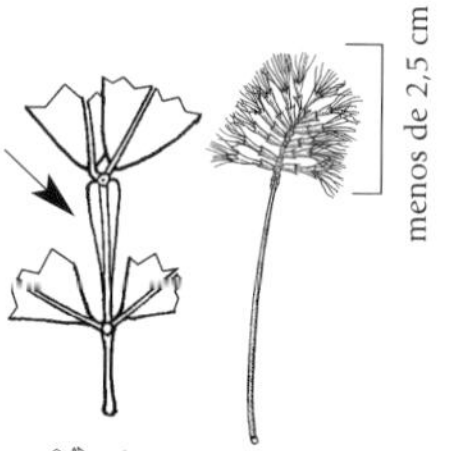

7. Inflorescencias capítulos. Hojas con el raquis foliar cilíndrico. Distribución amplia. 8

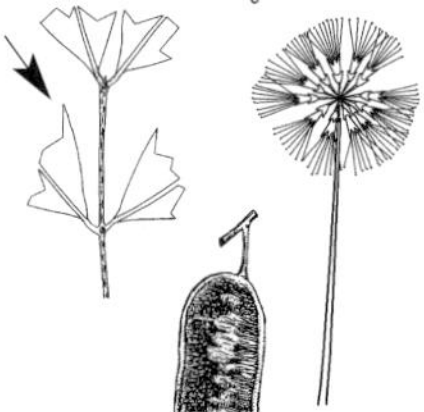

8. Flores con el cáliz de 5-7 mm de largo, corola 9-11 mm de largo. Frutos 3,5-5 cm de ancho. *I. mortoniana*

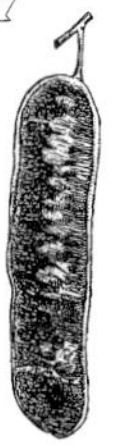

8. Flores con el cáliz de 1,5-2 mm de largo, corola 4-6,5 mm de largo. Frutos de 5-7 cm de ancho.
I. jinicuil

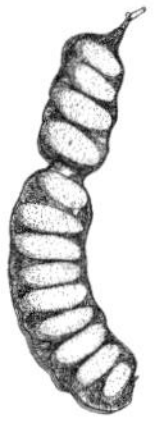

6. Frutos rectos (espiralados sólo en *I. golfodulcensis*), de 3 cm o menos de ancho. 9

9. Frutos aplanado-espiralados y blanquecino-escamosos. Hojas con los folíolos lustrosos en ambas caras. Distribución Península de Osa.
I. golfodulcensis

9. Frutos aplanado-rectos. Distribución amplia. 10

10. Hojas con el raquis cilíndrico, las glándulas o nectarios inconspicuos, con el orificio glandular normalmente cerrado. Inflorescencias congestionadas hacia el ápice de las ramitas. Árbol pequeño (menos de 15 m). ***I. punctata***

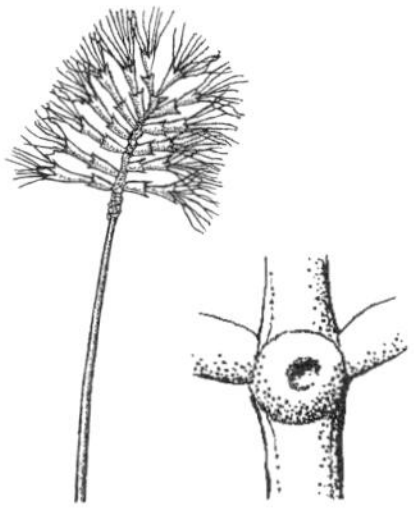

10. Hojas con el raquis levemente acanalado, las glándulas conspicuas con el orificio glandular abierto. Inflorescencias axilares. Árboles hasta tamaño grande (35 m).
I. alba

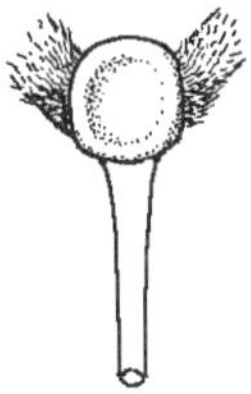

CLAVE C
Folíolos 3-4 pares

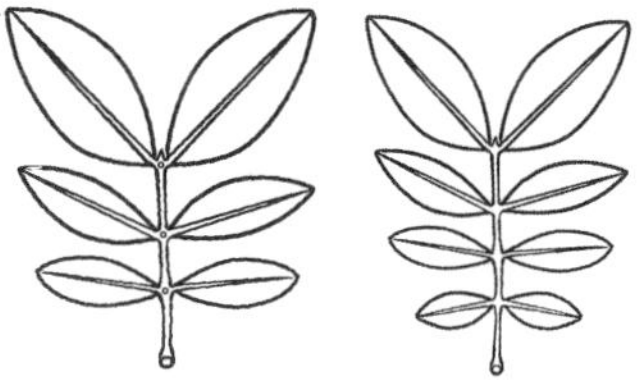

1. Ramitas y hojas ferrugíneo-pubescentes. 2

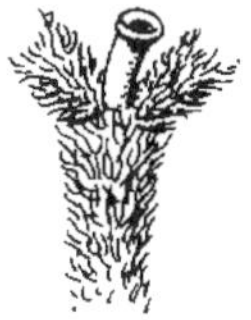

2. Glándulas o nectarios del raquis delgadas, corto a largo-estipitadas. *I. exalata*

2. Glándulas o nectarios del raquis sésiles. 4

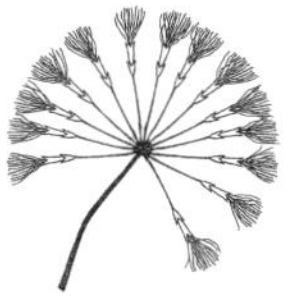

4. Inflorescencia umbela, o cuando inmadura capitulada. *I. nobilis*

4. Inflorescencias espigas. 5

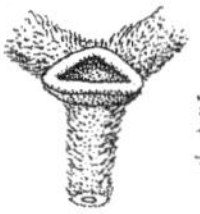

5. Folíolos terminales hasta 12 cm de ancho, raquis cilíndrico y glándulas transversalmente comprimidas. *I. oerstediana*

5. Folíolos terminales hasta 7 cm de ancho, raquis aplanado o levemente acanalado y glándulas circulares. *I. densiflora*

1. Ramitas y hojas glabras, o la pubescencia muy corta e inconspicua. 6

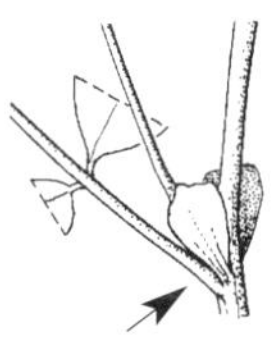

6. Estípulas conspicuas, de 1-2 cm de largo, generalmente en la parte terminal de las ramitas. *I. jinicuil*

6. Estípulas inconspicuas, menos de 1 cm de largo y por lo general deciduas. 7

7. Folíolos opacos en el haz. Inflorescencia umbelada (o capitulada cuando joven). Glándulas del raquis foliar por lo general inconspicuas y a veces faltando en algunos pares. *I. nobilis*

7. Folíolos normalmente lustrosos en el haz. Inflorescencias espigas. Glándulas del raquis foliar conspicuas y presentes en todos los pares de folíolos. 8

8. Espigas con el raquis floral largo, 3-18 cm. Frutos fuertemente constrictos entre las semillas, inflados o abultados a la altura de éstas, menos de 2 cm de ancho. Distribución Península de Osa. *I. cylindrica*

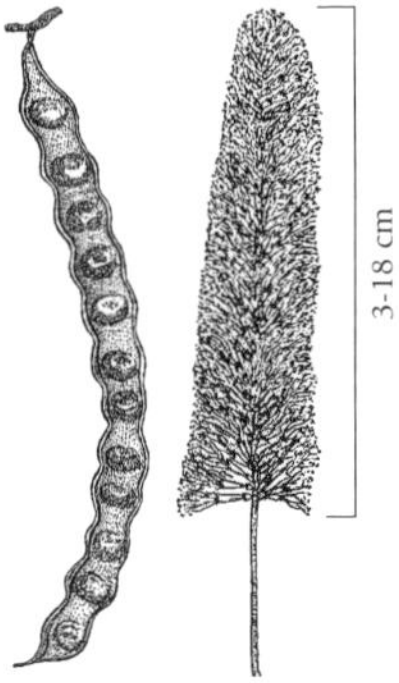

8. Espigas con el raquis floral corto, menos de 3 cm de largo. Frutos aplanados, anchos (más de 3 cm). Distribución amplia. 9

9. Glándulas del raquis foliar en forma de copa, conspicuas, con el orificio glandular abierto. *I. pezizifera*

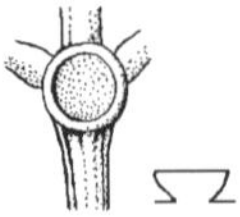

9. Glándulas del raquis foliar estrechas, pequeñas, con el orificio glandular cerrado o levemente abierto. *I. densiflora*

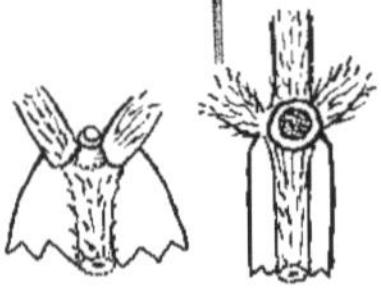

4. Glándulas del raquis sésiles. 5

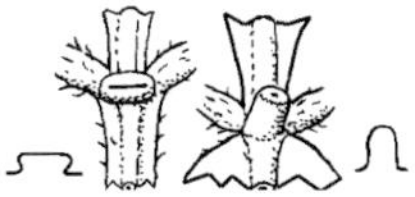

5. Folíolos generalmente menos de 5 cm de ancho, raras veces los terminales hasta 8 cm. 6

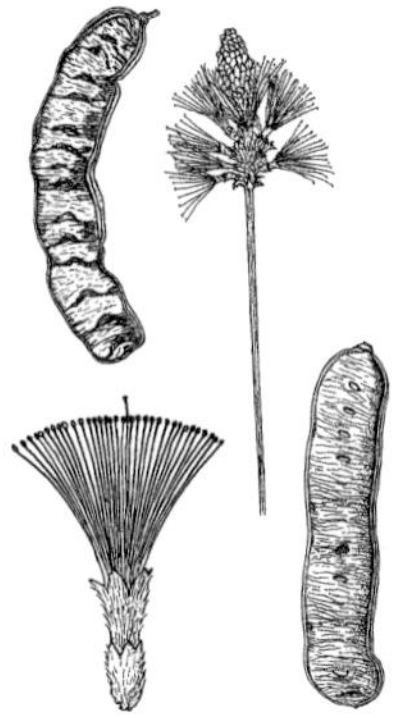

6. Frutos de 4-10 cm de ancho, flores de 6-9 mm de largo. Brácteas florales hasta 6 mm de largo. ***I. densiflora***

6. Frutos de 1,5-2, cm de ancho, flores de 5-6 mm de largo. Brácteas florales hasta 3 mm de largo. ***I. micheliana***

5. Folíolos generalmente más de 5 cm de ancho. 7

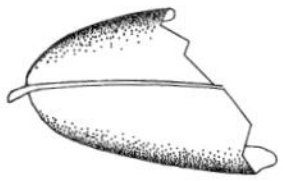

7. Hojas adultas con los folíolos rígido-coriáceos y cóncavos. ***I. sierrae***

7. Hojas adultas con los folíolos cartáceos a membranáceos, nunca como los anteriores. 8

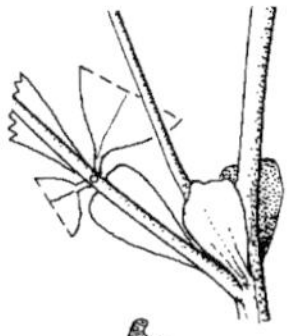

8. Ápice de las ramitas con estípulas persistentes (más de 8 mm). 9

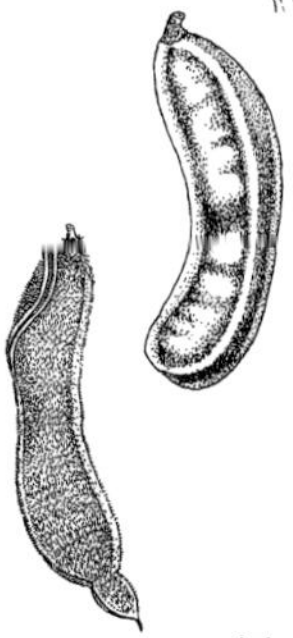

9. Folíolos generalmente 3 pares. Flores de 1,3 cm de largo. Frutos cuadrangulares, verdes y glabros. ***I. sapindoides***

9. Folíolos 4-5 pares. Flores de 1,2-1,3 cm de largo. Frutos aplanados, densoferrugíneo-pubescentes. ***I. bracteifera***

8. Ápice de las ramitas con estípulas muy pequeñas (menos de 5 mm) y deciduas. 10

10. Ramitas y hojas con una pubescencia ferrugínea densa y sedosa (tomentosa). Glándulas del raquis en forma de copa, con el orificio glandular abierto y transversalmente comprimido. *I. oerstediana*

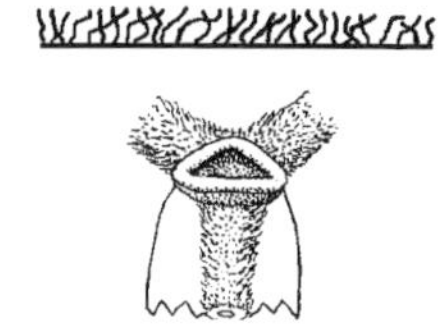

10. Ramitas y hojas con una pubescencia ferrugínea esparcida y áspera (hirsuta). Glándulas del raquis cónicas con el orificio glandular cerrado. *I. leonis*

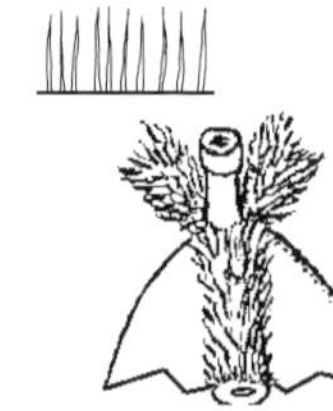

4. Glándulas del raquis corto a largo-estipitadas. 11

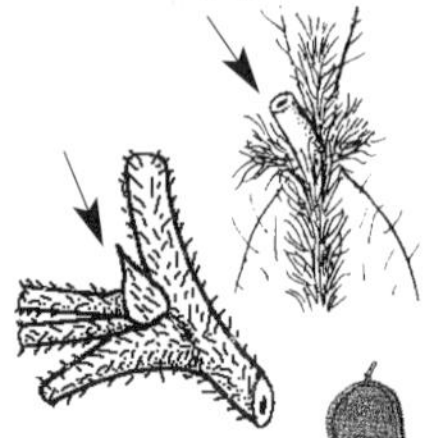

11. Ápice de las ramitas con las estípulas pequeñas y deciduas. 12

12. Ramitas anguladas, con pubescencia ferrugínea esparcida y áspera (hirsuta). Flores de 1,5-2,5 cm de largo. Frutos de 3,8-4,5 cm de ancho. *I. leonis*

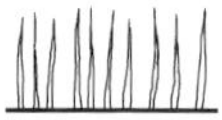

12. Ramitas cilíndricas, pubescencia ferrugínea densa y sedosa (tomentosa). Flores de 6-8 mm de largo. Frutos de 1,3-1,9 cm de ancho. *I. litoralis*

11. Ápice de las ramitas con estípulas persistentes. 13

13. Pubescencia de las ramitas jóvenes ferrugínea esparcida o densa, pero corta (pelos menos de 1 mm de largo).

14. El par terminal de folíolos con una glándula sobre el nervio central cerca de la base. *I. goldmanii*

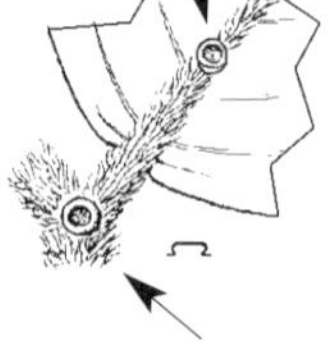

14. El par terminal de folíolos sin glándulas sobre el nervio central. 15

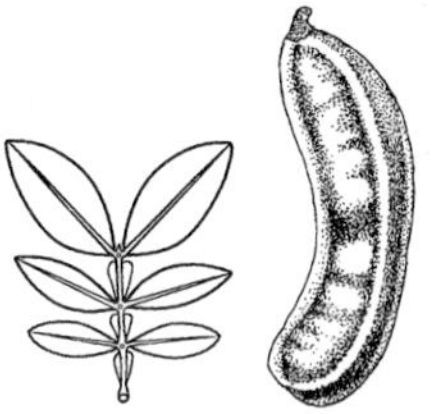

15. Folíolos generalmente 3 pares. Flores de 1,8-3 cm de largo. Frutos cuadrangulares, verdes y glabros. ***I. sapindoides***

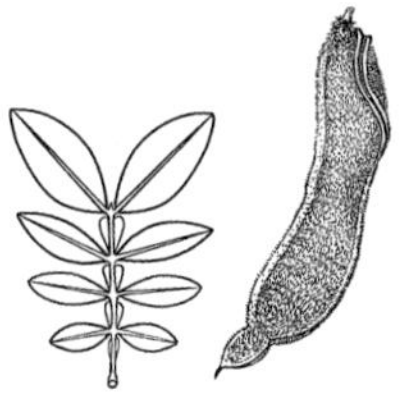

15. Folíolos 4-5 pares. Flores 1,2-1,3 cm de largo. Frutos aplanados, denso-ferrugíneo-pubescentes. ***I. bracteifera***

13. Pubescencia de las ramitas jóvenes ferrugínea densa, con pelos largos (más de 2 mm de largo). 16

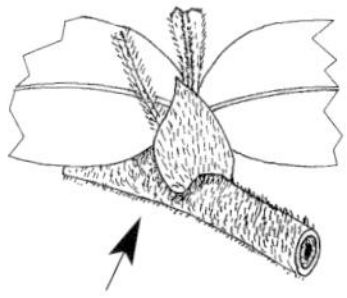

16. Ramitas con estípulas ovadas. Hojas generalmente con 3-4 pares de folíolos. Flores de 2,4-2,7 cm de largo. ***I. tonduzii***

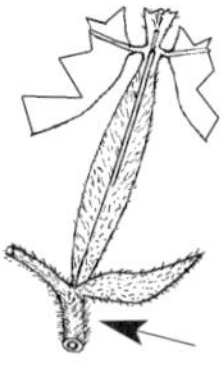

16. Ramitas con estípulas lanceoladas, lineares o elípticas. Hojas generalmente con 2-3 pares de folíolos. Flores menos de 2 cm de largo. 17

17. Folíolos generalmente 2 pares. Flores de 1,85-1,95 cm de largo, brácteas de la inflorescencia de 0,6-1 cm de largo. ***I. jimenezii***

17. Folíolos 2-3 pares. Flores de 1,1-1,6 cm de largo, brácteas de la inflorescencia de 1-1,6 cm de largo. ***I. tenuiloba***

CLAVE G
Folíolos más de 4 pares, hojas nunca con 3 pares en la misma rama

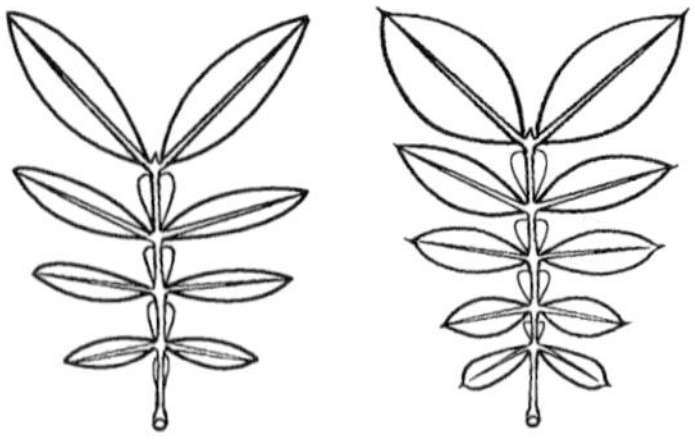

1. Folíolos distales de 1-3 cm de ancho. 2

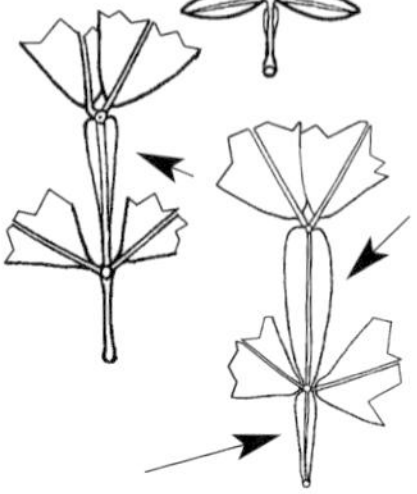

2. Raquis foliar muy estrechamente alado, sólo abajo de la unión de los folíolos terminales. *I. stenophylla*

2. Raquis alado en toda la sección interfoliolar. 3

3. Glándulas del raquis muy delgadas y largo-estipitadas (hasta 2 mm de largo). Flores de 7-13 mm de largo. *I. ciliata*

3. Glándulas del raquis sésiles o muy corto-estipitadas (1 mm). 4

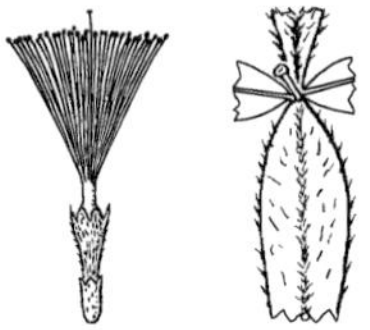

4. Folíolos delgado-membranáceos. Flores de 4-5 mm de largo. Hábitat climas muy húmedos. *I. barbourii*

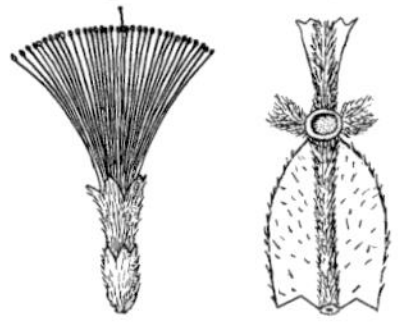

4. Folíolos coriáceos. Flores 15-22 mm de largo. Hábitat climas secos. *I. vera*

1. Folíolos distales más de 3 cm de ancho. 5

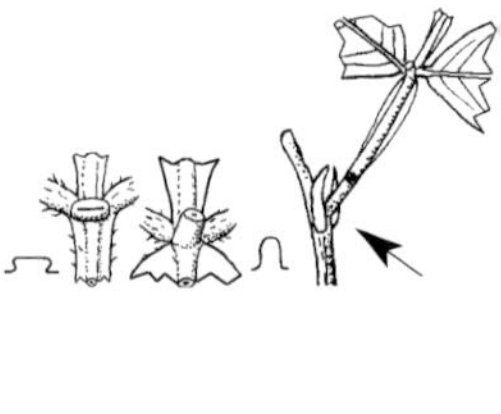

5. Ramitas jóvenes con estípulas conspicuas y persistentes. *I. bracteifera*

5. Ramitas jóvenes con estípulas muy pequeñas y deciduas. 6

6. Glándulas del raquis muy delgadas y largo-estipitadas (2-4 mm) con la cabeza expandida. *I. cotobrusensis*

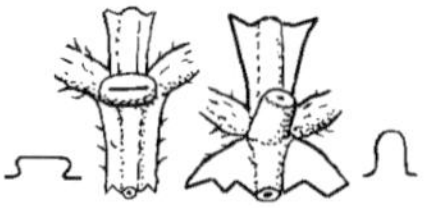

6. Glándulas del raquis sésiles o sentadas, o si muy corto-estipitadas (menor de 2 mm) con la cabeza punteada. 7

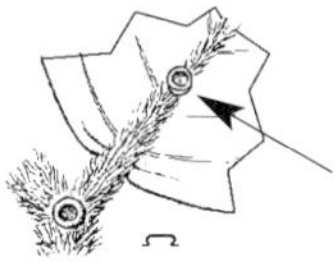

7. El par terminal de folíolos con una glándula sobre el nervio central cerca de la base. *I. canonegrensis*

7. El par terminal de folíolos sin glándulas sobre el nervio central. 8

8. Hojas generalmente con 4-5 pares de folíolos. 9

9. Glándulas del raquis en forma de copa, el orificio glandular abierto y transversalmente comprimido. *I. oerstediana*

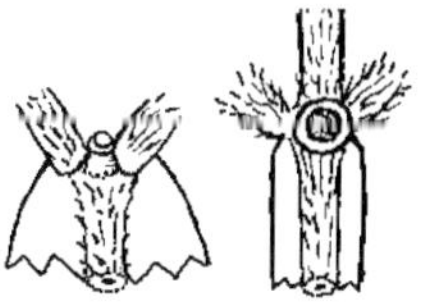

9. Glándulas del raquis cónicas o muy estrechas, con el orificio glandular cerrado, muy pequeño o en forma de copa y circular. 10

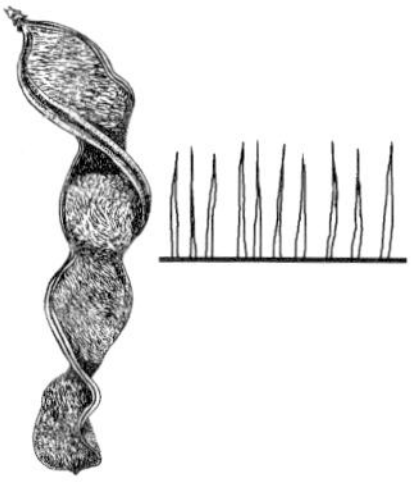

10. Frutos de 3-4,5 cm. de ancho, con una pubescencia (hirsuta) ferrugínea densa. Flores de 12-13 mm de largo. *I. herrerae*

10. Frutos de 4-10 cm de ancho, glabros, o si pubescentes los pelos muy cortos y nunca ferrugíneos. Flores de (5-)6-9 mm. de largo. 11

11. Glándulas del raquis cónicas o con el orificio glandular cerrado o muy estrecho.
I. densiflora

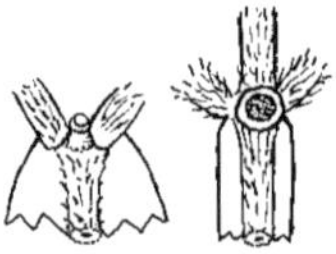

11. Glándulas del raquis claramente en forma de copa, el orificio glandular abierto.
I. pezizifera

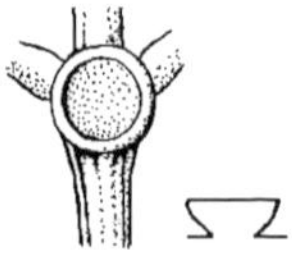

8. Hojas generalmente con 5-7 pares de folíolos. 12

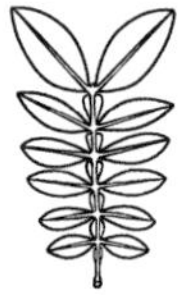

12. Raquis muy estrechamente alado, sólo abajo de la unión de los folíolos. Frutos aplanados, blanquecino-escamosos. *I. samanensis*

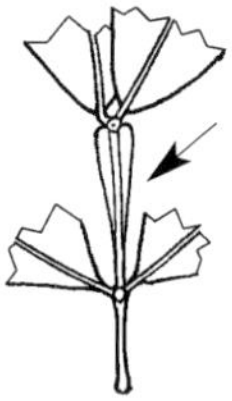

12. Raquis alado en toda la sección interfoliolar. Frutos subcilíndricos y surcados longitudinalmente. 13

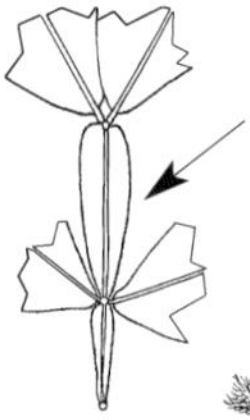

13. Glándulas con el orificio glandular circular. *I. vera*

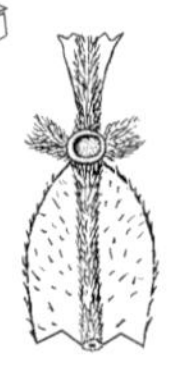

13.arreglarGlándulas con el orificio glandular transversalmente comprimido. *I. edulis*

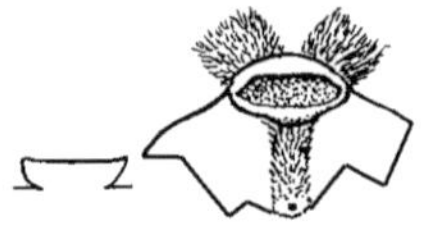

Lista de especies incluidas en esta guía

Entre paréntesis se indica el número de página

Descripción de especies

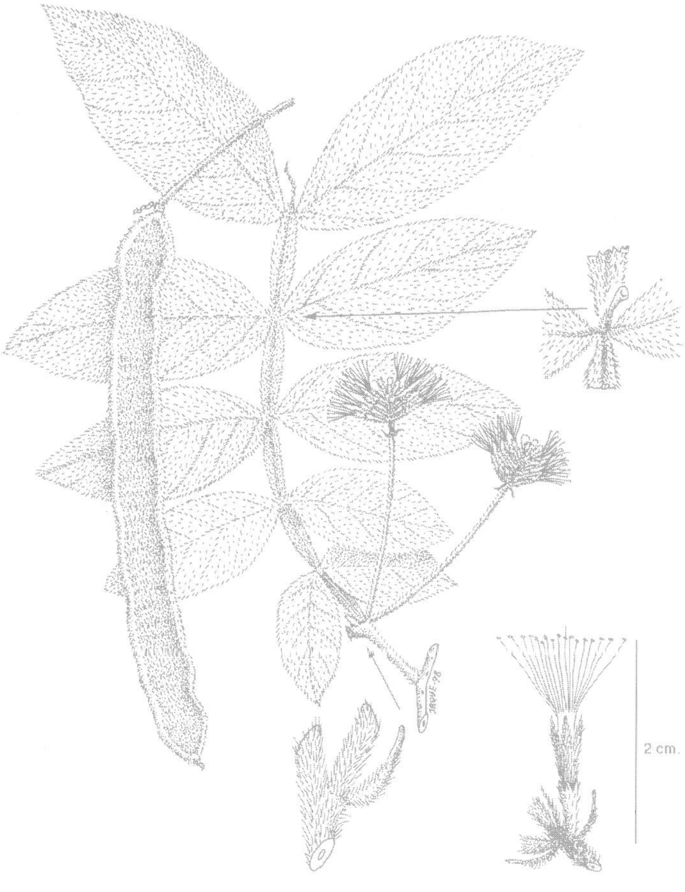

Inga acrocephala

SIN. *I. brevipedicellata* HARMS

DESCRIPCIÓN BOTÁNICA: Árbol 8-20 m; ramitas glabras, lenticeladas y amarillentas; estípulas 6-9 mm de largo, lanceoladas. Hojas con 3(-4) pares de folíolos, elípticos a ovados, ápice largo-acuminado, glabros, el par distal 11-26 x 5-9(-14,5) cm, el par basal 4-14 x 2,5-5,2 cm, raquis cilíndrico, o muy levemente alado distalmente, glándulas interfoliolares sésiles y urceoladas, a veces ausentes; pecíolo cilíndrico. Inflorescencias en espigas muy cortas o capítulos, pedúnculo hasta 7 cm de largo, raquis floral 1-2,5(-3,5) cm de largo. Flores con el cáliz de 1,5-3 mm de largo, corola 5-7 mm de largo. Frutos de 9-28 x 3-4,6 x 0,5-0,7(-1) cm, aplanados, glabros, con estrías tranversales y los márgenes elevados.

DIAGNÓSTICO: Se reconoce por el raquis cilíndrico y a veces levemente alado o marginado cerca de la unión de los folíolos terminales; las glándulas del raquis a veces ausentes o en forma de olla. Frutos aplanados y largos, semejando los de *I. mortoniana*, pero difiere de ésta por sus flores con el cáliz y la corola más pequeños y las brácteas más largas. También muy relacionada con *I. acreana* de Suramérica, pero esta última tiene las hojas con el raquis estrechamente alado, la inflorescencia más corta y el fruto más estrecho.

DISTRIBUCIÓN: Del sur de México a Suramérica (Guyanas y la Amazonia brasileña). En Costa Rica conocida de la parte suroeste de la vertiente del Pacífico: Reserva Biológica Carara hasta la Península de Osa. Elevación 0-400 m.

FENOLOGÍA: Flores observadas en abril, agosto noviembre y diciembre. Frutos en enero, febrero y marzo.

HÁBITAT: Se observa creciendo a orillas de ríos, caminos, potreros, bordes de bosques y vegetación secundaria, principalmente en climas húmedos a muy húmedos y con una estación seca marcada.

USOS: Para leña.

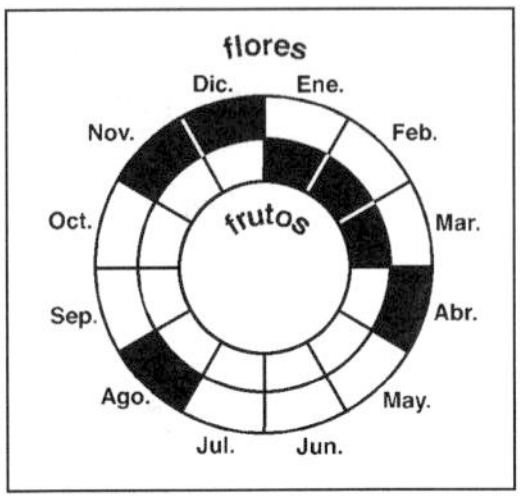

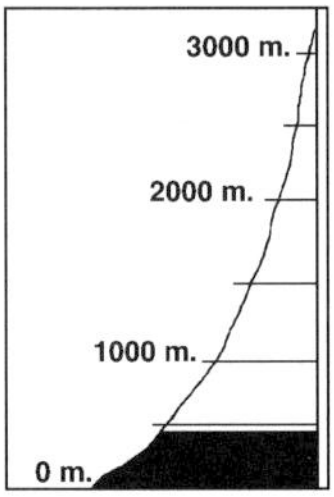

Inga acrocephala

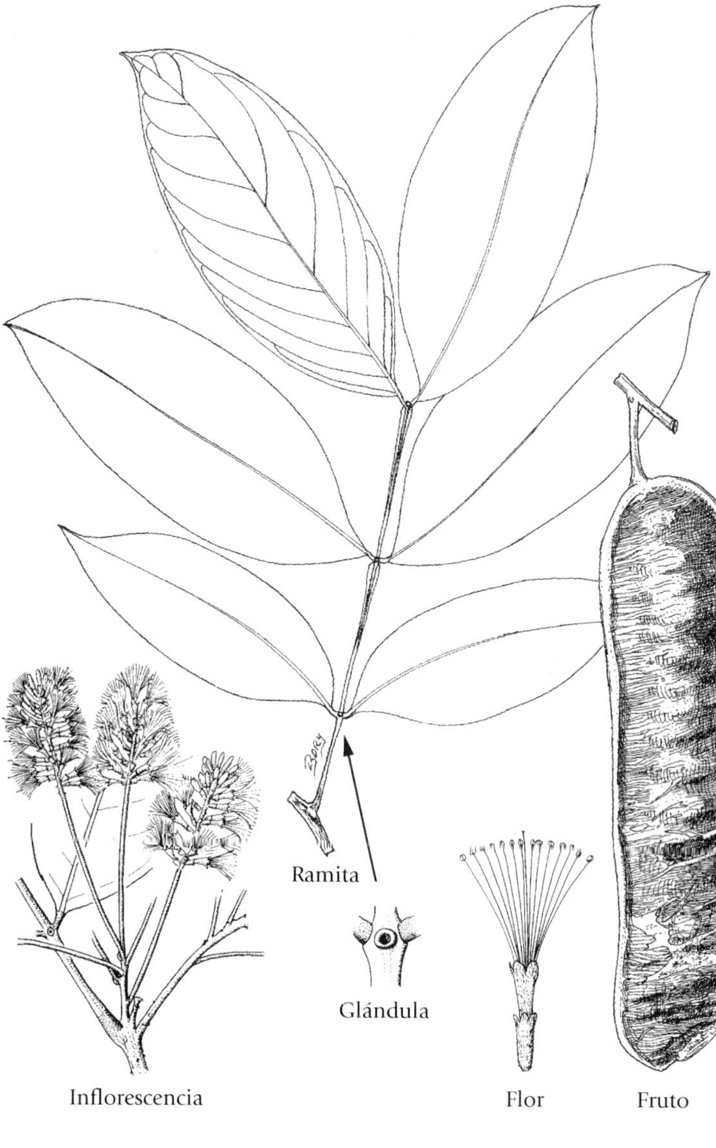

Inga acuminata

Descripción botánica: Árbol hasta 12 m; ramitas delgadas, con pequeñas lenticelas; estípulas hasta 7 mm de largo, ovadas, deciduas. Hojas con (2)3-4 pares de folíolos, estrechamente elípticos a lanceolados, ápice agudo a largo-acuminado, glabros, el par distal 7-12 x 3-4 cm, el par basal 4-5 x 2-3 cm, raquis alado en toda la sección interfoliolar, glándulas interfoliares sésiles y urceoladas; pecíolo alado. Inflorescencias subcapítulo, pedúnculo muy delgado, 3-7 cm de largo, raquis floral 0,5-1 cm de largo. Flores con el cáliz de 9 mm de largo, muy agudo en los botones, corola 11-12 mm de largo. Frutos aplanados, 9-21 x 2-2,5 cm, glabros.

Diagnóstico: Se reconoce por sus ramitas delgadas y flexibles, los folíolos estrechos y glabros, la inflorescencia subcapitulada, con los botones florales evidentemente acuminados en el ápice y el cáliz en forma de espátula. Las plántulas tienen folíolos lineares y raquis y pecíolo ancho-alados.

Distribución: Costa Rica, Panamá, Trinidad, Perú y Venezuela. En Costa Rica conocida de la zona norte, vertiente Atlántica y parte suroeste de la vertiente del Pacífico. Elevación 20-1.000 m.

Fenología: Flores observadas en febrero, abril, setiembre, octubre, noviembre y diciembre. Frutos en febrero, marzo, abril, mayo y junio.

Hábitat: Crece a orillas de caminos, bordes de bosque y bosque primario, en climas húmedos a muy húmedos, a veces con una estación seca marcada.

Usos: Para leña. Por su follaje denso y porte pequeño, se recomienda como ornamental.

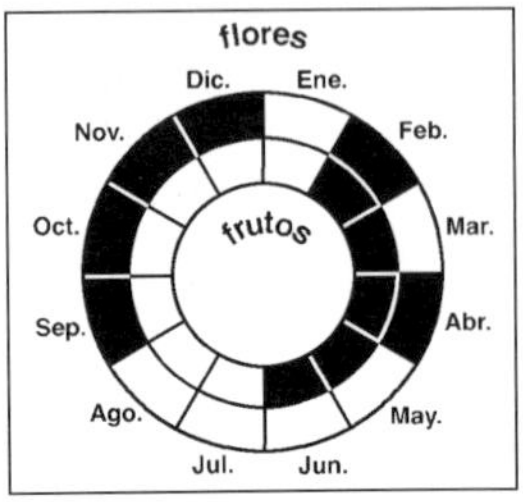

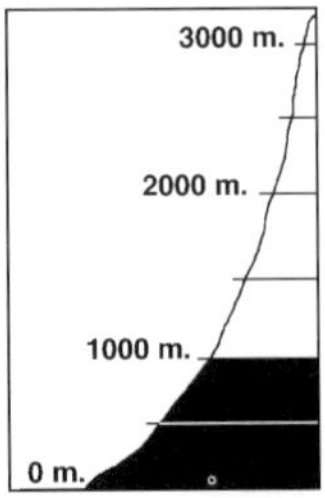

Inga acuminata

Inga alba

GUABO COLORADO, GUABO RON RON

DESCRIPCIÓN BOTÁNICA: Árbol 20-40 m; ramitas glabras; estípulas 4-11 mm de largo, lanceoladas. Hojas con (2-)3 pares de folíolos, lanceolados a oblanceolados, ápice acuminado, glabros, el par distal 9-18 x 3,5-7,5 cm, el par basal 4,5-12 x 1,6-5,2 cm, raquis cilíndrico, glándulas interfoliolares corto-estipitadas; pecíolo cilíndrico. Inflorescencias en espigas, pedúnculo 0,4-1 cm de largo, raquis floral 0,5-1,3 cm de largo. Flores con el cáliz de 1,2-1,5 mm de largo, corola 4-4,5 mm de largo. Frutos aplanados, 9-14(-21) x 1,4-3(-3,5) cm, glabros y de color verde grisáceo.
DIAGNÓSTICO: Podría confundirse con *I. cylindrica*, pero se diferencia de ella por sus inflorescencias muy cortas, agrupadas en las axilas de las hojas, y las flores relativamente más pequeñas. Además, los frutos tienen un color verde grisáceo evidente cuando frescos. La corteza en árboles adultos exfolia en placas más o menos circulares. En Suramérica esta especie tiene el raquis foliar muy estrechamente alado.
DISTRIBUCIÓN: De México al norte de Brasil. En Costa Rica principalmente en la región norte, vertiente Atlántica y parte suroeste de la vertiente del Pacífico. Elevación 100-700 m.
FENOLOGÍA: Flores observadas en diciembre, enero, febrero, abril y octubre. Frutos en enero, febrero y marzo.
HÁBITAT: Se observa creciendo principalmente en bosque primario, pero también a orillas de caminos y bosques secundarios. Climas húmedos a muy húmedos.
USOS: Los árboles, como muy pocas especies del género, llegan a alcanzar tamaños comerciales; aunque no se les conocen usos específicos, representan un potencial para madera y leña.

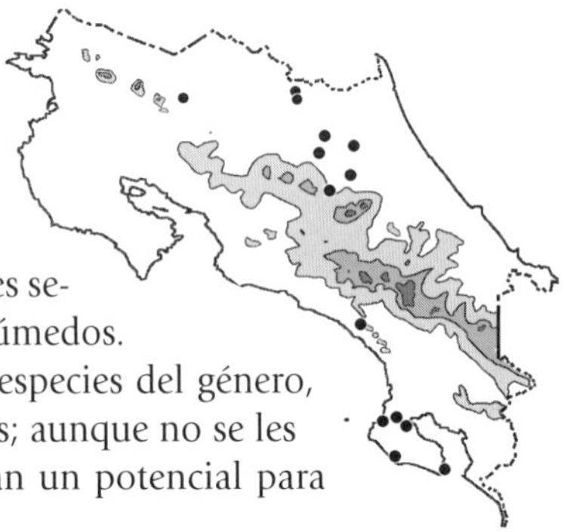

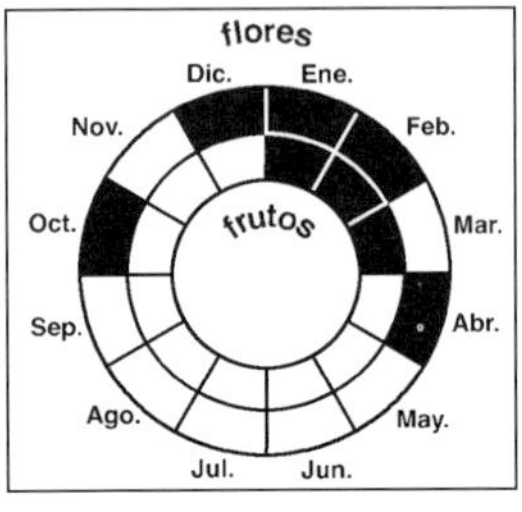

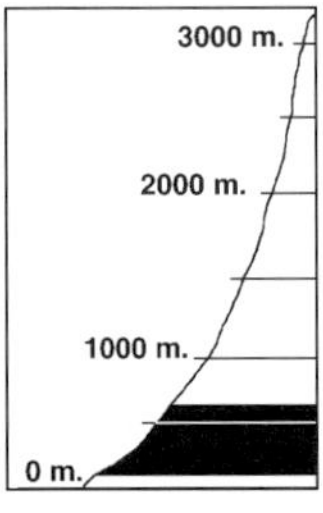

Inga alba

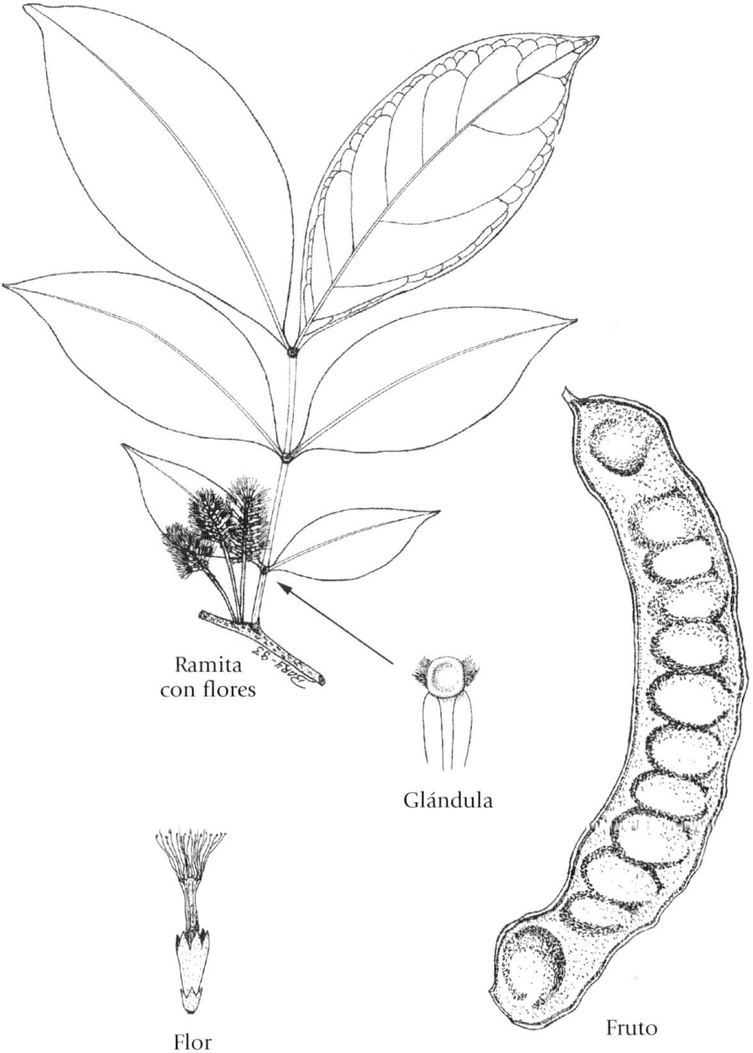

Inga allenii

Descripción botánica: Árbol hasta 15 m; ramitas glabras y lenticeladas; estípulas 2-3 mm de largo, persistentes o deciduas. Hojas con 3 pares de folíolos, elípticos u ovado-elípticos, ápice abruptamente acuminado, glabros y coriáceos, el par distal 8-16 x 3-6,8 cm, el par basal 5-7 x 2,5-3 cm, raquis no alado, glándulas interfoliolares largo-estipitadas; pecíolo acanalado y no alado. Inflorescencias capítulos, pedúnculo 3-4 cm de largo, raquis floral globoso 1 cm de diámetro. Flores con el cáliz de 2-3 mm de largo; corola 6-7 mm de largo. Frutos aplanados, 15-20 x 2,6-3,2 x 0,5-0,6 cm, glabros y rectos.
Diagnóstico: Se reconoce por sus folíolos abrupto-acuminados en el ápice, las glándulas del raquis largo-estipitadas y la inflorescencia capitulada.
Distribución: Costa Rica y Panamá. En Costa Rica principlamente conocida de la parte suroeste de la vertiente del Pacífico (Península de Osa) y recientemente encontrada en la zona norte (Boca Tapada de San Carlos) y vertiente Atlántica (en la localidad de Irlanda, Limón). Elevación 10-600 m.
Fenología: Flores observadas en julio, y diciembre. Frutos en enero, febrero, julio y diciembre.
Hábitat: Se observa creciendo a orillas de caminos y bosques primarios. En climas húmedos a muy húmedos. Además es una especie escasa.
Usos: Para leña. Frutos comestibles.

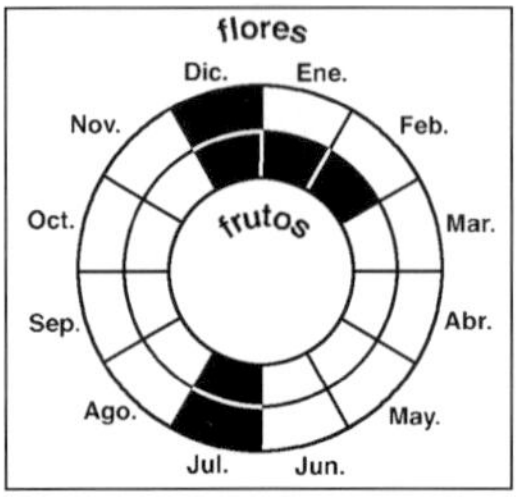

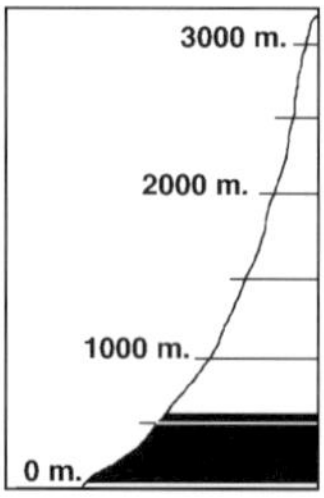

Inga allenii

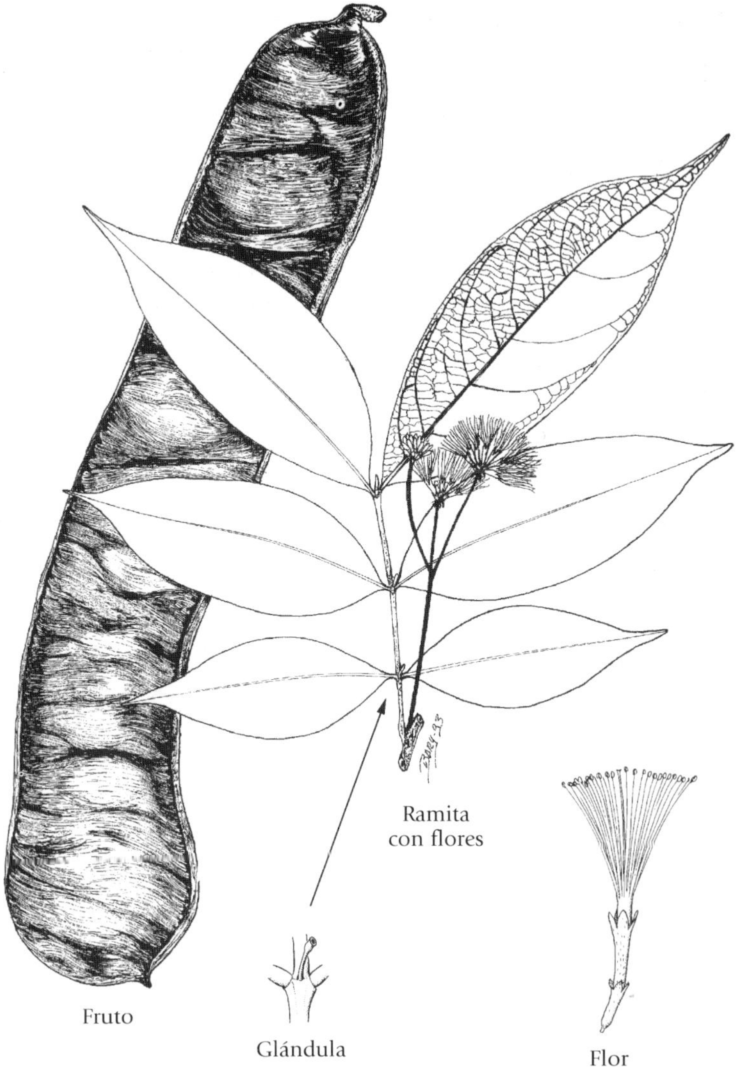

Inga barbourii

SIN. *I. tenuipedunculata* JORGE LEÓN

DESCRIPCIÓN BOTÁNICA: Árbol 12-20 m; ramitas delgadas, con una pubescencia ferrugínea tomentosa y muy lenticeladas; estípulas 2 mm de largo, lanceoladas y deciduas. Hojas con 4-6 pares de folíolos, elípticos a lanceolados, ápice agudo a acuminado, pilosos en el envés y delgado-membranáceos, el par distal 6-9 x 2-3 cm, el par basal 1,5-2 x 0,7-1,5 cm; raquis alado, glándulas interfoliolares pequeñas y sésiles; pecíolo cilíndrico o alado, Inflorescencias en espigas, pedúnculo 1-3,5 cm de largo, muy delgado, raquis floral 0,7-1(-2,5) cm de largo. Flores con el cáliz de 2-3 mm de largo, corola 4-6 mm de largo. Frutos aplanados, 5-25 x 1-2 cm, diminuto-pilosos a glabros.

DIAGNÓSTICO: Se reconoce por sus ramitas delgadas, con numerosas lenticelas blanquecinas, los folíolos pequeños y estrechos, con el ápice mucronado, y la inflorescencia muy corta con flores pequeñas.

DISTRIBUCIÓN: Del sur de México a Panamá. En Costa Rica en la zona norte, vertiente Atlántica y alrededores del Valle Central. Elevación 10-1.000 m.

FENOLOGÍA: Flores observadas en febrero, marzo, abril, octubre y diciembre. Frutos en febrero, abril, mayo, agosto y noviembre.

HÁBITAT: Se observa creciendo a orillas de caminos y en bosque primario. En climas muy húmedos a nubosos.

USOS: Para leña. También se podría utilizar como ornamental por su arquitectura y el follaje denso y menudo.

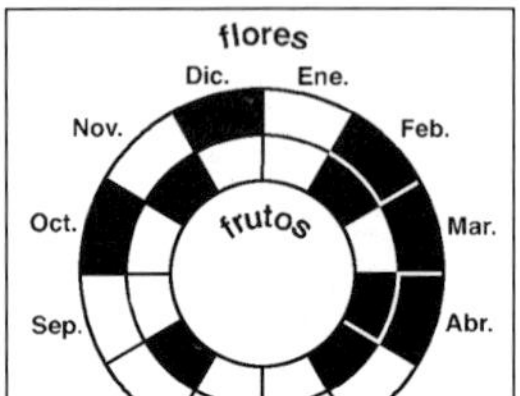

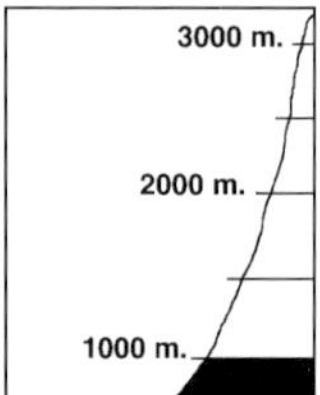

Inga barbourii

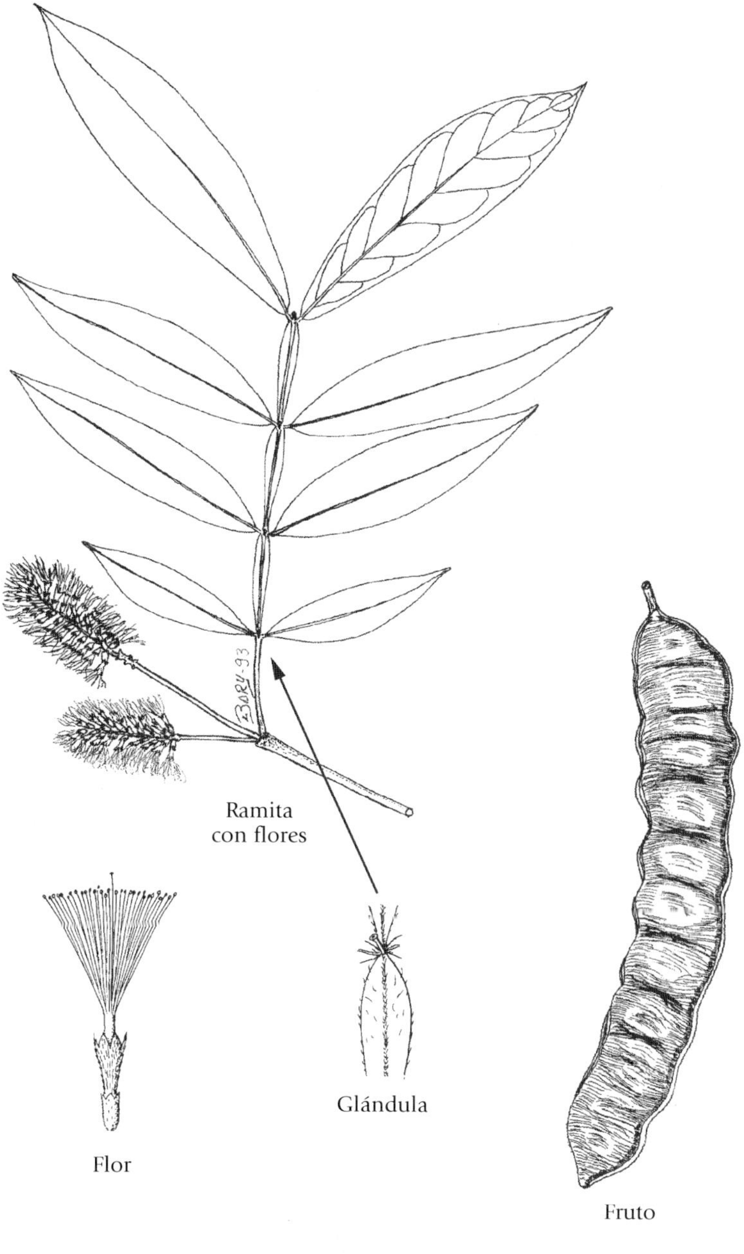

Inga bella

Descripción botánica: Árbol 6-10 m; ramitas glabras con escasas lenticelas; estípulas 1-3,1 x 0,8-1,5 cm, ovadas a ovado-lanceoladas y persistentes. Hojas con 2 pares de folíolos, elípticos a obovado-oblongos, ápice agudo a largo-acuminado, glabros, lustrosos en la haz, el par terminal 9-25 x 6-10 cm, el par basal 6-16 x (3-)5-7,5 cm; raquis ancho-alado, glándulas interfoliolares sésiles y cupulares; pecíolo ancho-alado. Inflorescencias umbela, pedúnculo hasta 5,5 cm de largo. Flores con el cáliz de 24-33 x 10-12 mm; corola 38-50 mm de largo. Frutos aplanados, 18,5-23 x 3 x 0,5-0,7 cm, glabros y curvados.

Diagnóstico: Se reconoce por ser la especie con las flores más grandes en el país y porque sus hojas tienen el pecíolo y el raquis ancho-alados, folíolos glabros con varios nervios secundarios y estípulas grandes. En los trabajos de Pittier 1916, 1929; León 1966; y Zamora 1991, esta especie es tratada como *I. portobellensis* Beurl., pero esta última está restringida a Panamá y tiene flores más pequeñas. Está muy relacionada con *I. involucrata* Cowan, de Colombia, y sus diferencias son básicamente en las flores (número de óvulos y pubescencia de la corola).

Distribución: Endémica. Conocida de la parte suroeste de la vertiente del Pacífico, desde la región de Uvita hasta la Península de Osa, Puntarenas. Elevación 0-400 m.

Fenología: Flores observadas en febrero, abril, junio, octubre y diciembre. Frutos en febrero, marzo, abril, junio y julio.

Hábitat: Crece a orillas de ríos y en el sotobosque de bosques poco o no intervenidos. Prefiere áreas planas costeras, a menudo anegadas temporalmente por efecto de la marea o lluvias.

Usos: Esta especie podría tener potencial como ornamental por sus flores grandes y llamativas y el porte pequeño.

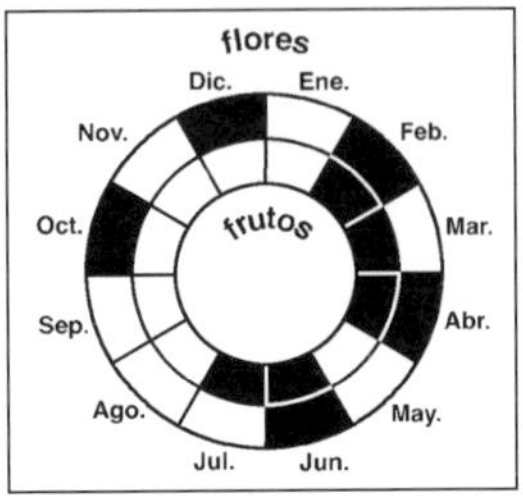

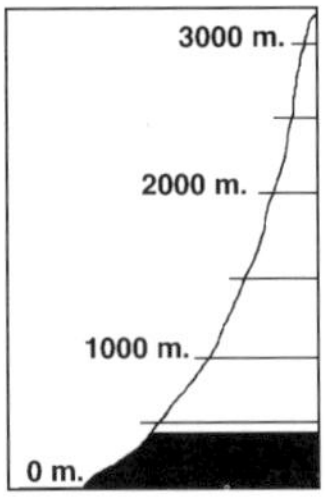

Inga bella

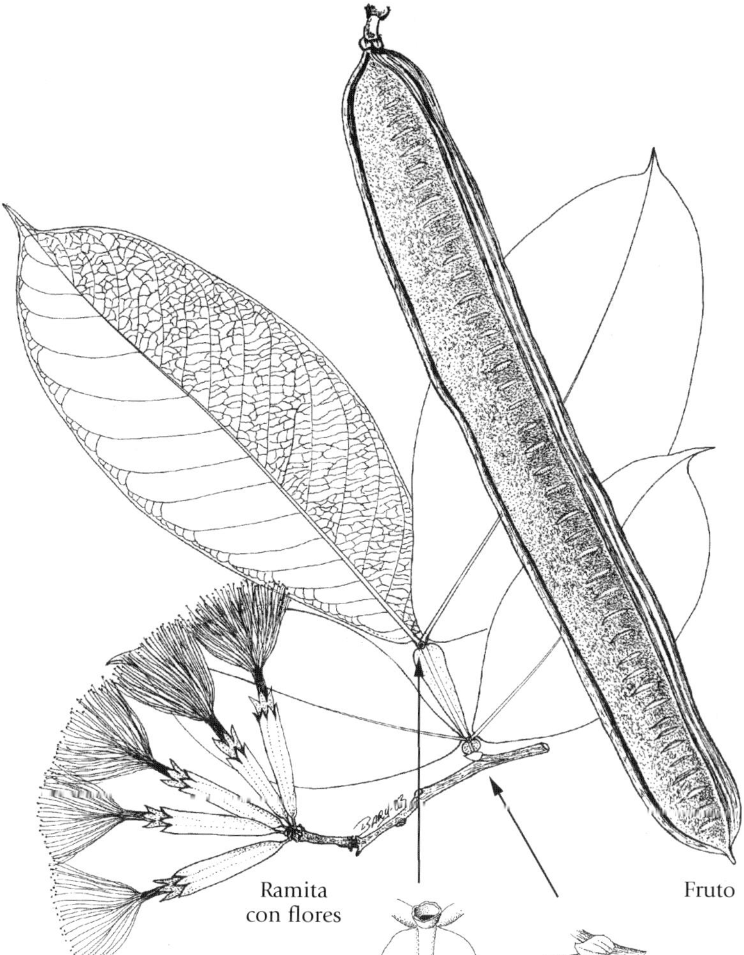

Inga bracteifera

Descripción botánica: Árbol 4-8 m, ramitas glabras o ferrugíneo-híspido-pubescentes; estípulas 8-10 mm de largo, persistentes. Hojas con 4-5 pares de folíolos, elípticos a oblongo-elípticos, ápice agudo, glabros en el haz y esparcido-híspidos a glabros en el envés, el par distal 10-12,5 x 3,5-4,7 cm, el par basal 3-4 x 1,6-2 cm, raquis estrecho-alado, glándulas interfoliolares cónicas sésiles o muy corto-estipitadas; pecíolo estrecho-alado o no alado. Inflorescencias en espigas, pedúnculo 2,4-2,6 cm de largo, híspido, raquis floral 2-2,5 cm de largo. Flores con el cáliz de 3 mm de largo, corola 12-13 mm de largo, pubescente. Frutos aplanados, 10-12 x 2,3-3 x 0,4 cm, denso-ferrugíneo-híspidos.

Diagnóstico: Se reconoce por sus ramitas híspido-pubescentes, estípulas persistentes, hojas con el raquis estrecho-alado e inflorescencias con brácteas lineares, persistentes, de 1,2-1,5 cm de largo.

Distribución: Endémica. Conocida de la región de Boruca (Rey Curré, Changuina, Laguna Vueltas) y Fila Costeña (Colinas, Maíz de Boruca y Palmar Norte). Elevación 500-610 m.

Fenología: Flores observadas en mayo y junio. Frutos en julio, agosto y setiembre.

Hábitat: Se observa creciendo a orillas de caminos y ríos, principalmente en vegetación secundaria, climas estacionales con una estación seca larga y marcada.

Usos: Para leña.

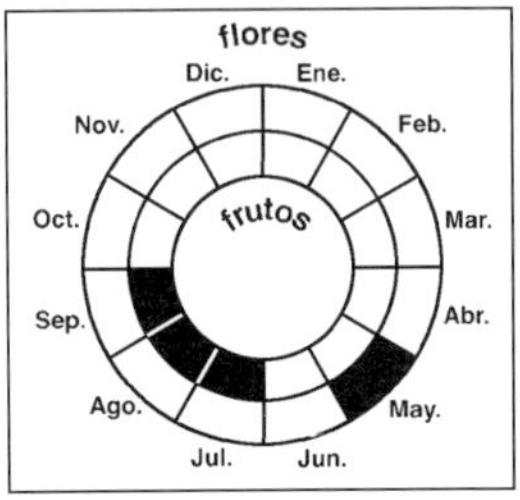

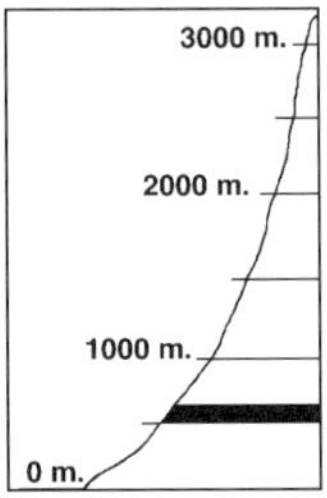

Inga bracteifera

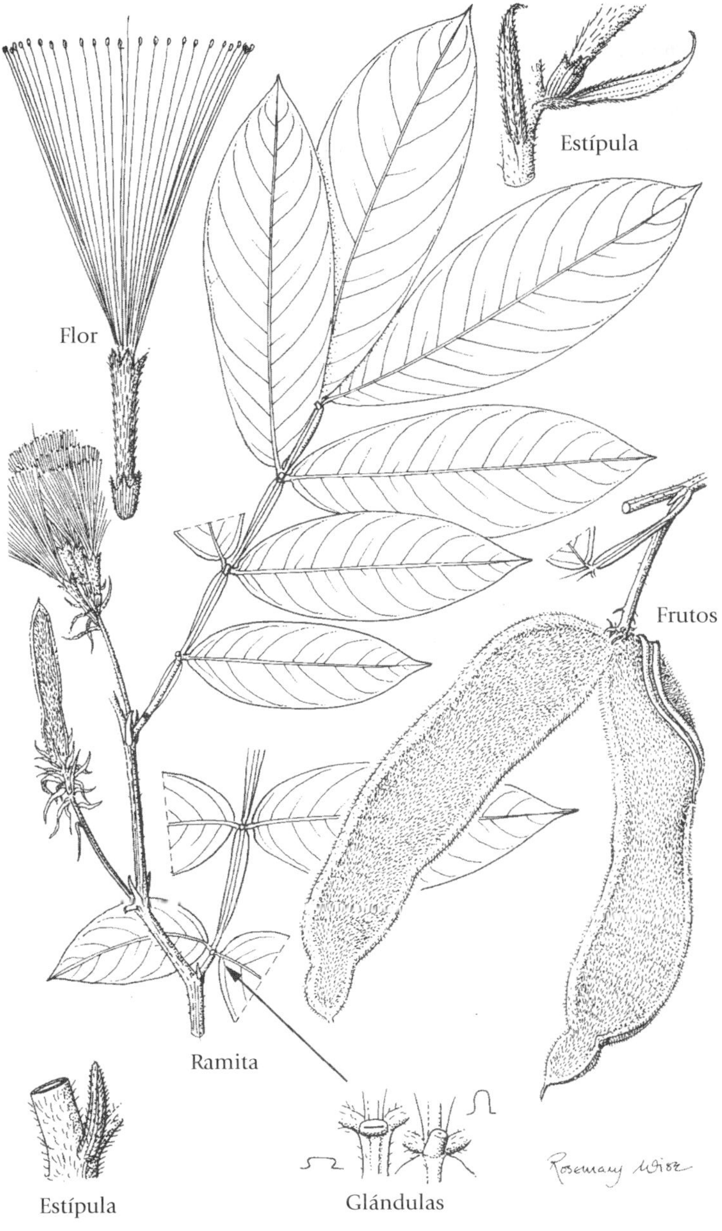

Descripción botánica: Árbol 12-15 m; ramitas lenticeladas y ferrugíneo-pubescentes; estípulas 6 mm largo, ovado-orbiculares, deciduas. Hojas con 4-5 pares de folíolos, elípticos a ovados, ápice acuminaldo a agudo, ferrugíneo-pilosos en el envés, el par distal 9-20 x 4-9 cm, el par basal 3-9 x (2,1-)3-4,1 cm; raquis alado, glándulas interfoliolares cupulares, sésiles o corto-estipitadas; pecíolo muy estrecho-alado o a veces no alado. Inflorescencias en espigas, pedúnculo 1,8-4,8 cm de largo, raquis floral 1,5-5,5(-7) cm de largo. Flores con el cáliz de 9-15 mm de largo; corola 12-20 mm de largo. Frutos aplanados, 13-19 x 1,8-2,5 x 0,8 cm, denso-ferrugíneo-pilosos.

Diagnóstico: Se reconoce porque algunos de sus folíolos terminales tienen una glándula en el nervio central, cerca de la base. Su distribución restringida también ayuda a reconocerla. Esta especie pertenece al grupo de *I. goldmanii*, *I. sessilis*, etc., por sus flores grandes y ovario con 1-6 carpelos.

Distribución: Endémica. Conocida sólo del Refugio Nacional de Vida Silvestre Caño Negro. Elevación 1-30 m. Hoy día la especie se conoce sólo de un único árbol.

Fenología: Flores y frutos observados en enero y febrero.

Hábitat: Crece a orillas de un potrero.

Usos: Para leña. Es una especie que se podría utilizar para enriquecer o mejorar el suelo, ya que su follaje es abundante y tiene hojas relativamente grandes.

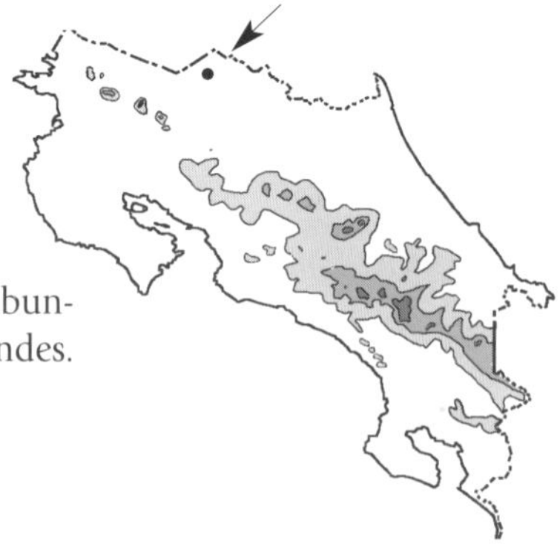

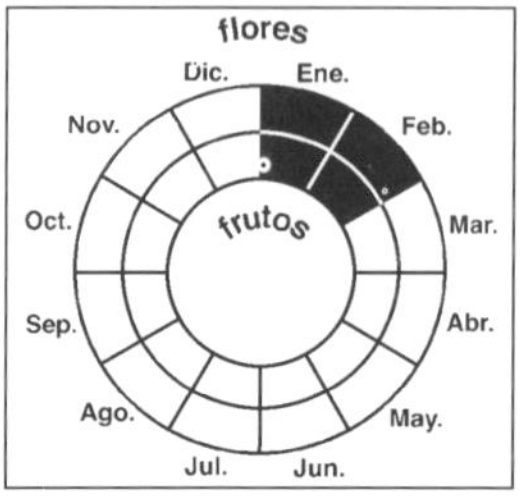

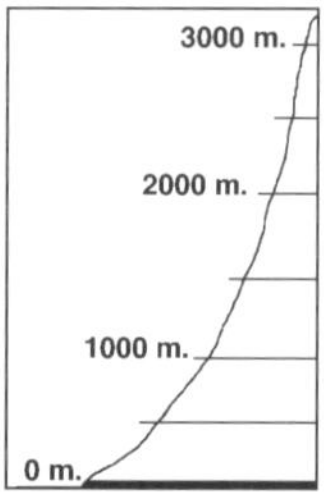

Inga canonegrensis

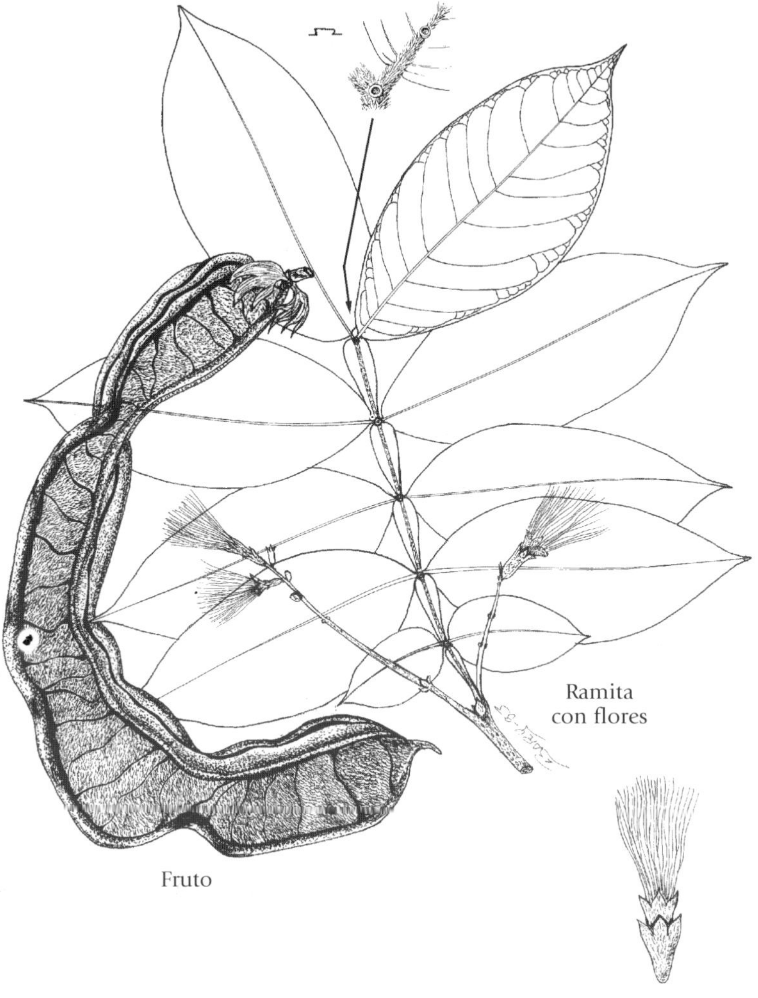

Descripción botánica: Árbol 15-20 m; ramitas muy lenticeladas; estípulas foliares, hasta 1,4-1,7 x 0,6-0,9 cm. Hojas con 2(-3) pares de folíolos, oblongos u ovados, ápice corto-acuminado, glabros, el par distal 6,7-31 x 2,7-13,5 cm, el par basal 5,5-20 x 2-10 cm, raquis no alado, lenticelado, glándulas interfoliolares sésiles y poco visibles. Inflorescencias capítulo o una espiga corta, pedúnculo 1,5-8 cm, raquis floral 1-4,5 cm de largo. Flores con el cáliz de 6-11 mm de largo, corola 9-17 mm de largo. Frutos aplanados, 9-21 x 3-4,5 x 0,7-2 cm, glabros y muy lenticelados.

Diagnóstico: Se reconoce por sus ramitas evidentemente lenticeladas, hojas con 2 pares de folíolos, coriáceos, lustrosos, raquis lenticelado; frutos gruesos y lenticelados. Las flores se tornan negras cuando secas. En Suramérica esta especie presenta una alta variabilidad en sus hojas, flores y frutos, lo cual hace difícil la definición de su identidad, sobre todo cuando se estudia el material de manera global.

Distribución: Costa Rica y desde el norte y oeste de Suramérica hasta Bolivia. En Costa Rica hasta el momento conocida de la zona norte: El Pilón de Upala, camino a Río Chimurría y Boca Tapada de San Carlos. Elevación 100-600 m.

Fenología: Frutos observados en julio.

Hábitat: Se ha observado creciendo en vegetación secundaria y bosques intervenidos por el aprovechamiento forestal en la zona norte. Su abundancia es de escasa a rara.

Usos: Para leña. La madera es bastante dura y los árboles tienen buen porte, por lo cual se le podría dar otros usos.

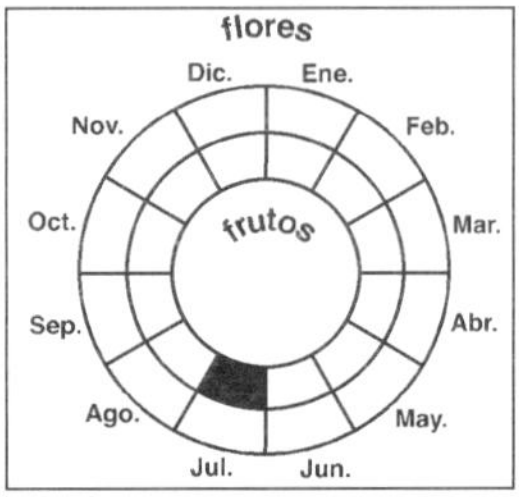

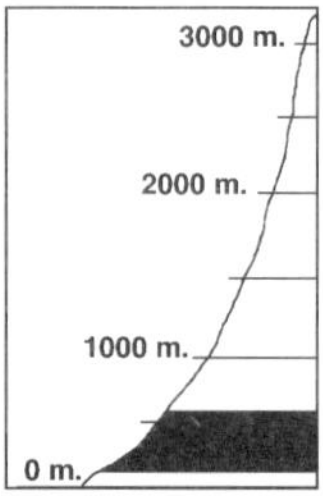

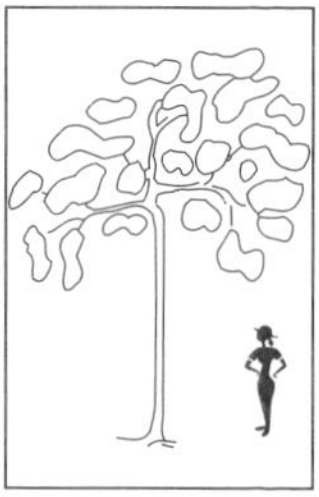

Inga capitata

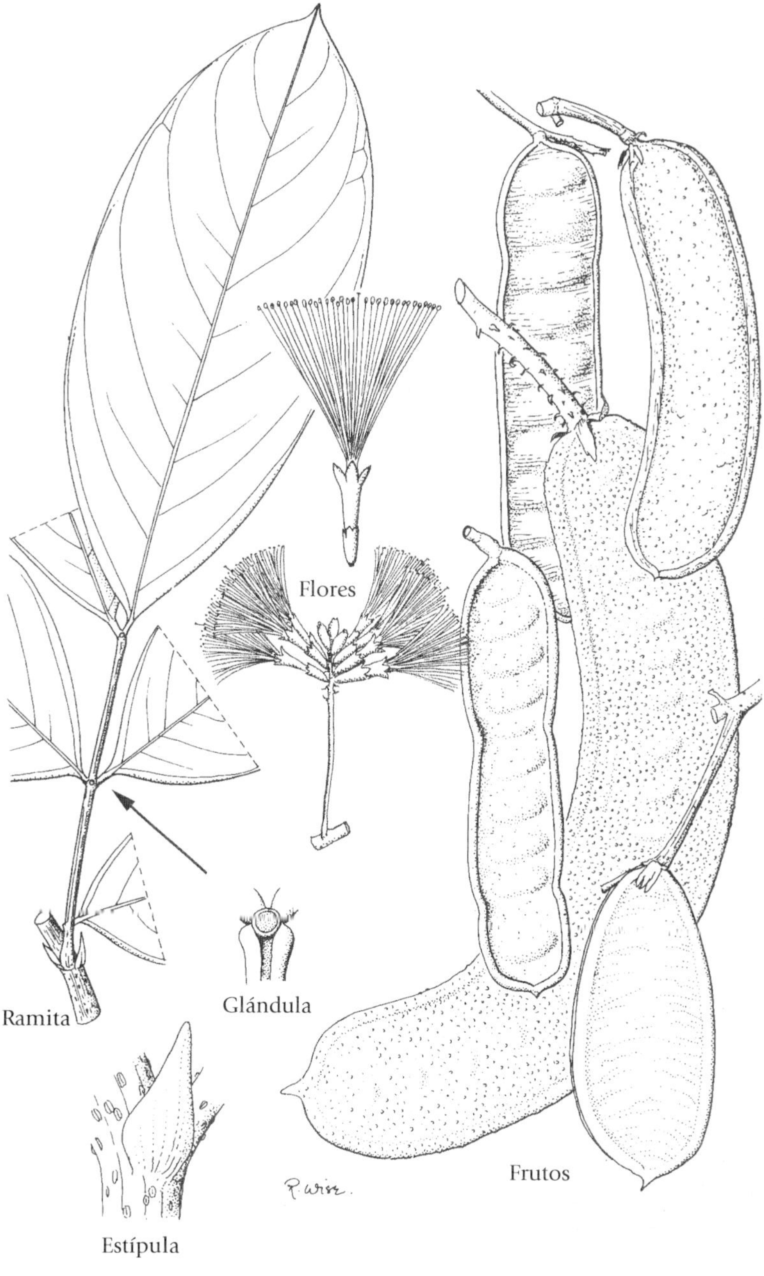

Inga chocoensis

SIN: *I. coprocarpa* N. ZAMORA & POVEDA

DESCRIPCIÓN BOTÁNICA: Árbol 9-20 m; ramitas densamente ferrugíneo-pilosas o ferrugíneo-hirsutas; estípulas 4 x 4 mm, persistentes o deciduas. Hojas con 2 pares de folíolos, ovados a amplio-ovados, ápice acuminado a agudo, pilosos a casi glabros, el par distal 17-28,5 x 8,5-15,5 cm, el par basal 7,5-14,3 x 4,6-8,7 cm; raquis alado, glándulas interfoliolares sésiles a corto-estipitadas; pecíolo cilíndrico o levemente alado. Inflorescencias en espigas, pedúnculo 1,5-8,3 cm de largo, ferrugíneo-piloso, raquis floral 0,5-2,2 cm de largo. Flores con el cáliz de 4-10 mm de largo, corola 10-15 mm de largo. Frutos subcilíndricos, 2,6-3 cm de ancho, fuertemente curvados o espiralados, ferrugíneo-pilosos y profundamente surcados.

DIAGNÓSTICO: Se reconoce por sus hojas con 2 pares de folíolos y folíolos terminales con una glándula en el nervio central, cerca de la base. Los frutos son subcilíndricos, fuertemente espiralados y surcados, con valvas no evidentes. Se considera a *I. coprocarpa* como sinónimo con cierta duda, porque hay algunas diferencias en los frutos.

DISTRIBUCIÓN: De Nicaragua al norte de Colombia. En Costa Rica amplia en la zona norte y vertiente Atlántica, frecuente en la región de Sarapiquí y Guápiles. Elevación 100-400 m.

FENOLOGÍA: Flores observadas en marzo, abril, mayo, octubre y noviembre. Frutos en marzo, abril, mayo, julio, agosto, setiembre, octubre y noviembre.

HÁBITAT: Se observa creciendo a orillas de ríos, caminos, potreros, vegetación secundaria y primaria. En climas muy húmedos.

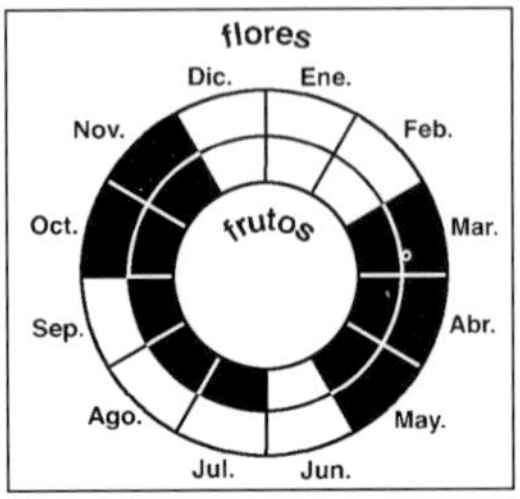

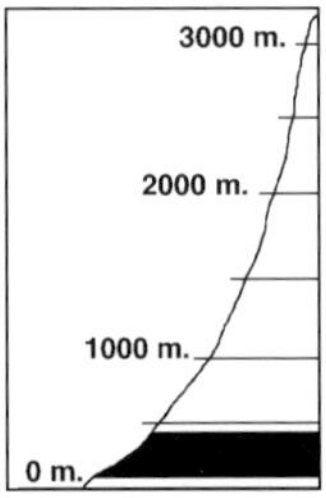

Inga chocoensis

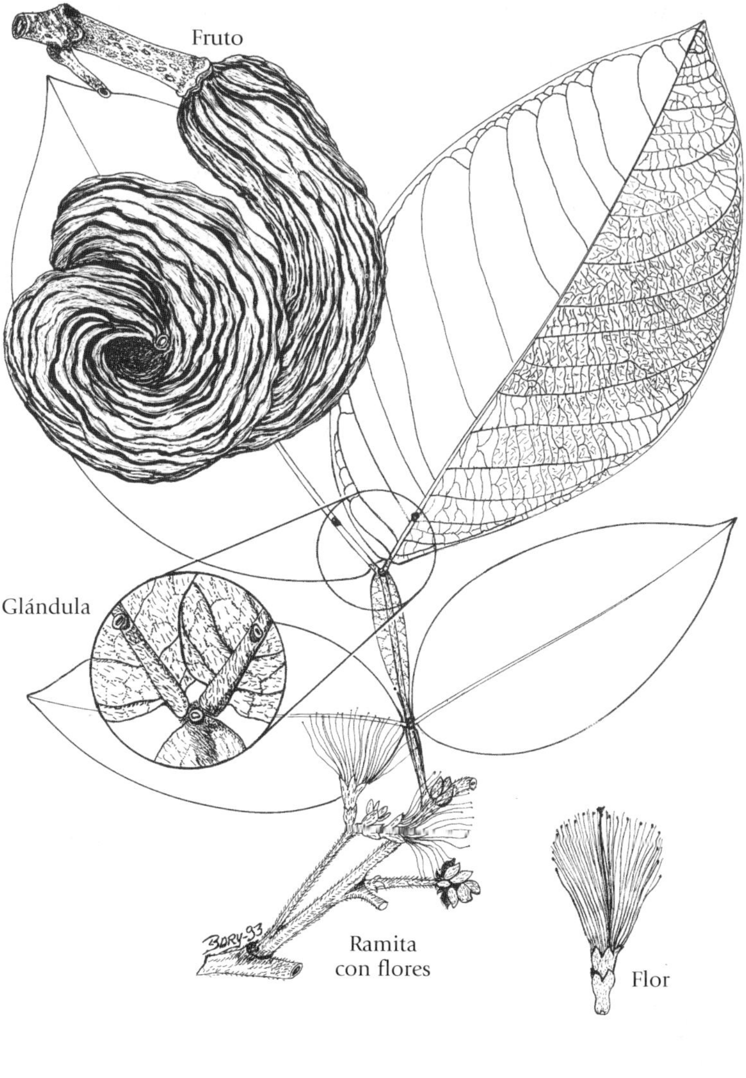

Usos: Para leña. También es recomendable para sistemas agroforestales o agronómicos, ya que ofrece buena sombra y follaje abundante; mejora la calidad del suelo.

Inga ciliata

Descripción botánica: Árbol 5-10 m; ramitas delgadas y ferrugíneo-pilosas; estípulas 4-7 mm de largo, ciliadas y deciduas. Hojas con 5-7(-8) pares de folíolos, ovalado-oblongos a ovado-lanceolados u oblongo-elípticos, ápice acuminado-mucronado, glabrescentes o diminuto-pilosos en el envés, el par distal 4-6(-8) x 1,3-2,5(-3) cm, el par basal 1,3-3,2 x 0,6-1,5 cm; raquis alado, glándulas interfoliolares muy delgado-estipitadas o subsésiles; pecíolo alado. Inflorescencias en espigas, pedúnculo 1-6 cm de largo, muy delgado y piloso, raquis floral 5-15 mm de largo. Flores con el cáliz de 4-5(-7) mm de largo, corola 10-15 mm de largo. Frutos aplanados 9-22 x 1,2-2,3 cm de largo, glabros o diminuto-pilosos.

Diagnóstico: Se reconoce por sus folíolos pequeños y estrechos y las glándulas del raquis muy delgadas y largo-estipitadas. Podría ser confundida con *I. barbourii*, pero esta última tiene flores más pequeñas, glándulas sésiles y se distribuye generalmente por encima de 600 m de elevación.

Distribución: De Costa Rica a la costa de Brasil y el sur de Perú. En Costa Rica ampliamente distribuida a lo largo de la zona norte, vertiente Atlántica; Sarapiquí, San Carlos, Limón, etc. Elevación 0-150(-400) m.

Fenología: Flores observadas en abril, mayo, octubre, noviembre y diciembre. Frutos en mayo y noviembre.

Hábitat: Tanto en vegetación primaria como secundaria, prefiere climas muy húmedos y en ocasiones llega a ser común en bosques sobre terreno plano y temporalmente anegado o palustrino.

Usos: Para leña.

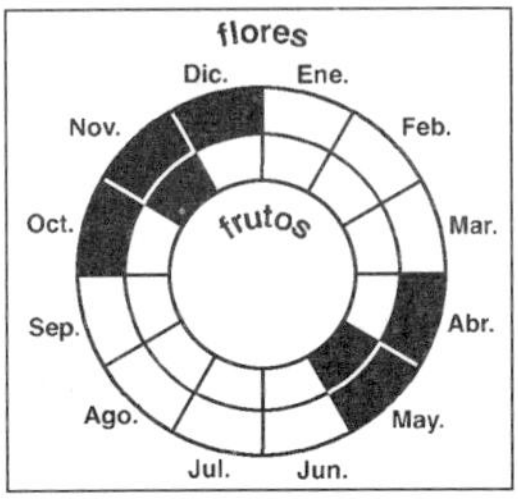

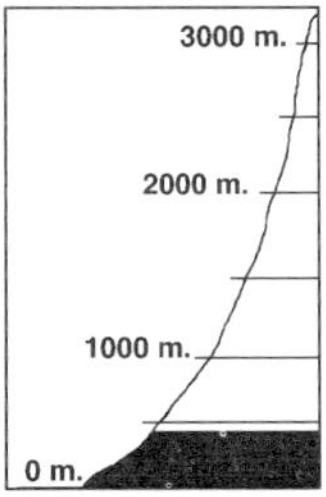

Inga ciliata

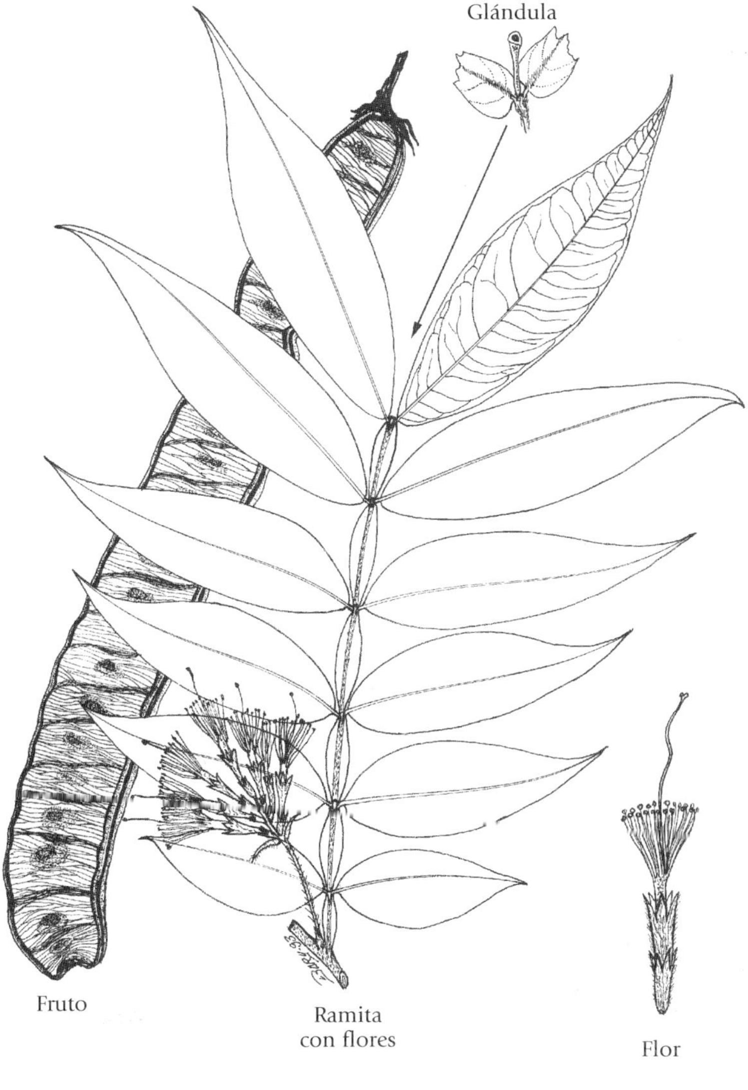

Inga cocleensis

Descripción botánica: Árbol hasta 15 m; ramitas densamente ferrugíneo-tomentosas; estípulas 2 mm de largo, deciduas. Hojas con 4-8 pares de folíolos, elípticos a lanceolados, ápice largo-acuminado, densamente pubescentes en el envés, el par distal 9-21 x 2,5-8,5 cm, el par basal 4-8 x 3-5 cm; raquis cilíndrico, ferrugíneo-tomentoso, glándulas interfoliolares sésiles y en forma de disco o cúpula; pecíolo cilíndrico. Inflorescencias en espigas, pedúnculo 3-3,5 cm de largo, raquis floral 2-6 cm de largo. Flores con el cáliz de 4-6 mm de largo, corola 11-15 mm de largo, lanosa. Frutos subcilíndricos, hasta de 35 x 2,5 cm, ferrugíneo-tomentosos.

Diagnóstico: Se reconoce por sus hojas con gran número de folíolos, con una pubescencia ferrugíneo-lanosa densa; frutos subcilíndricos. Los brinzales tienen hojas con el raquis levemente alado.

Distribución: De Belice a Colombia y el oeste de Venezuela. En Costa Rica conocida de la zona norte: Sarapiquí, Los Chiles, Refugio Nacional de Vida Silvestre Caño Negro y Boca Tapada de San Carlos; en éstos últimos lugares llega a ser frecuente o común. Elevación 30-200 m.

Fenología: Flores observadas en enero, febrero, julio y agosto. Frutos en abril.

Hábitat: Se observa creciendo a orillas de caminos, ríos, potreros y vegetación secundaria.

Usos: Es una especie con mucho potencial para leña por su rápido crecimiento y la copa muy ramificada. En Nicaragua hemos observado crecimientos de hasta 3-4 metros por año, lo cual la hace una especie recomendable para sistemas agroforestales o agronómicos.

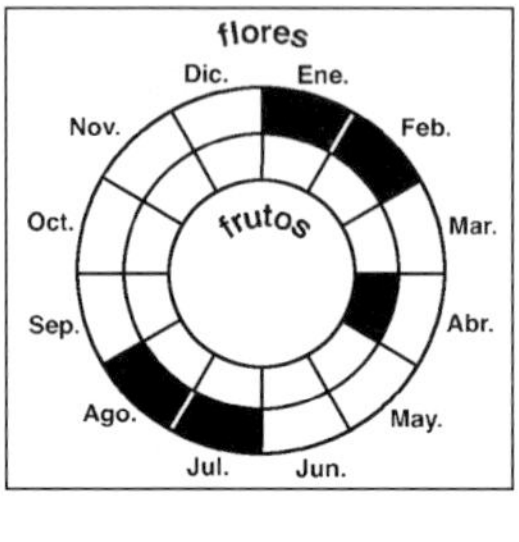

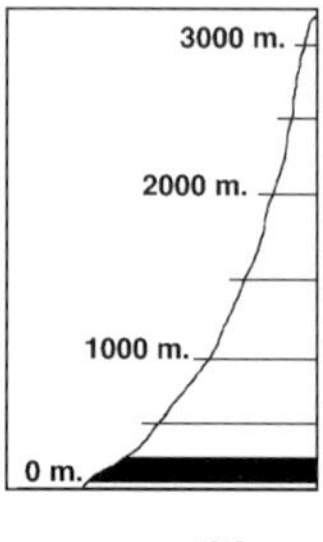

Inga cocleensis

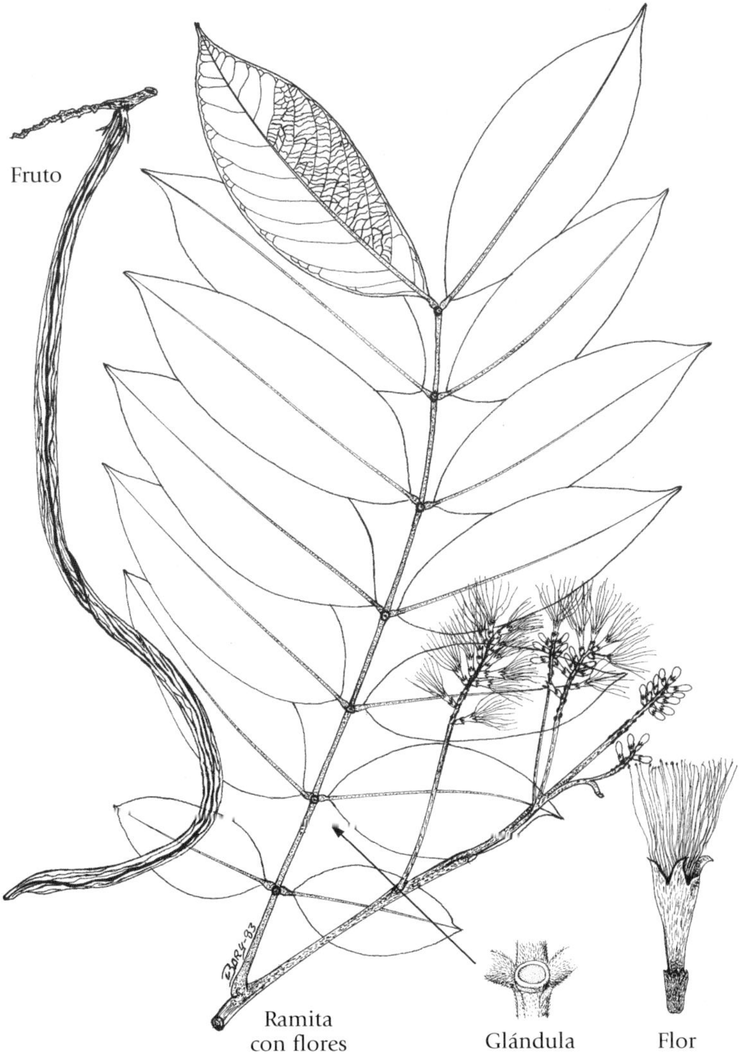

Inga coruscans

Descripción botánica: Árbol 10-20 m; ramitas glabras y lenticeladas; estípulas hasta 14 x 2 mm, deciduas. Hojas con 2-3 pares de folíolos, obovados a oblongo-elípticos, ápice obtuso o apiculado, glabros, el par distal 11,5-17(-21,5) x 5,2-7(-12) cm, el par basal 6,5-12 x 3,7-7,5 cm; raquis no alado, glándulas interfoliolares sésiles y en forma de disco; pecíolo cilíndrico. Inflorescencias en espigas, pedúnculo de 1-2,5 cm de largo, raquis floral 3,5-10 cm de largo. Flores con el cáliz de 1 mm de largo, corola 4-5 mm de largo. Frutos aplanados, 11-16(-19) x 2 cm, glabros.

Diagnóstico: Se reconoce por la inflorescencia, con el raquis floral más largo que el pedúnculo y las flores con el cáliz diminuto. Además, los folíolos distales son más grandes que los basales. El nombre *I. coruscans* se aplicaba erróneamente a *I. pezizifera.*

Distribución: De Costa Rica a Venezuela y países andinos hasta Bolivia. En Costa Rica principalemente en la Península de Osa, Puntarenas y recientemente encontrada en la localidad de Río Cuarto de San Carlos (Alajuela). Elevación 10-300(950) m.

Fenología: Flores observadas en agosto y setiembre. Frutos en febrero y mayo.

Hábitat: Se observa creciendo a orillas de caminos, ríos y vegetación secundaria. En climas muy húmedos a húmedos.

Usos: Para leña.

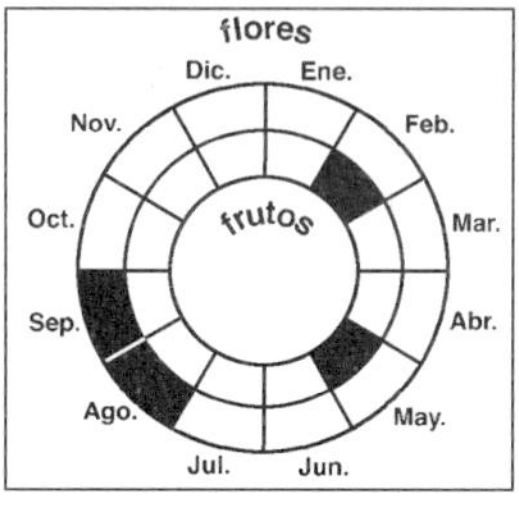

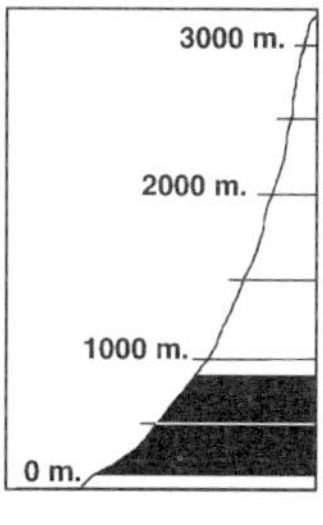

Inga coruscans

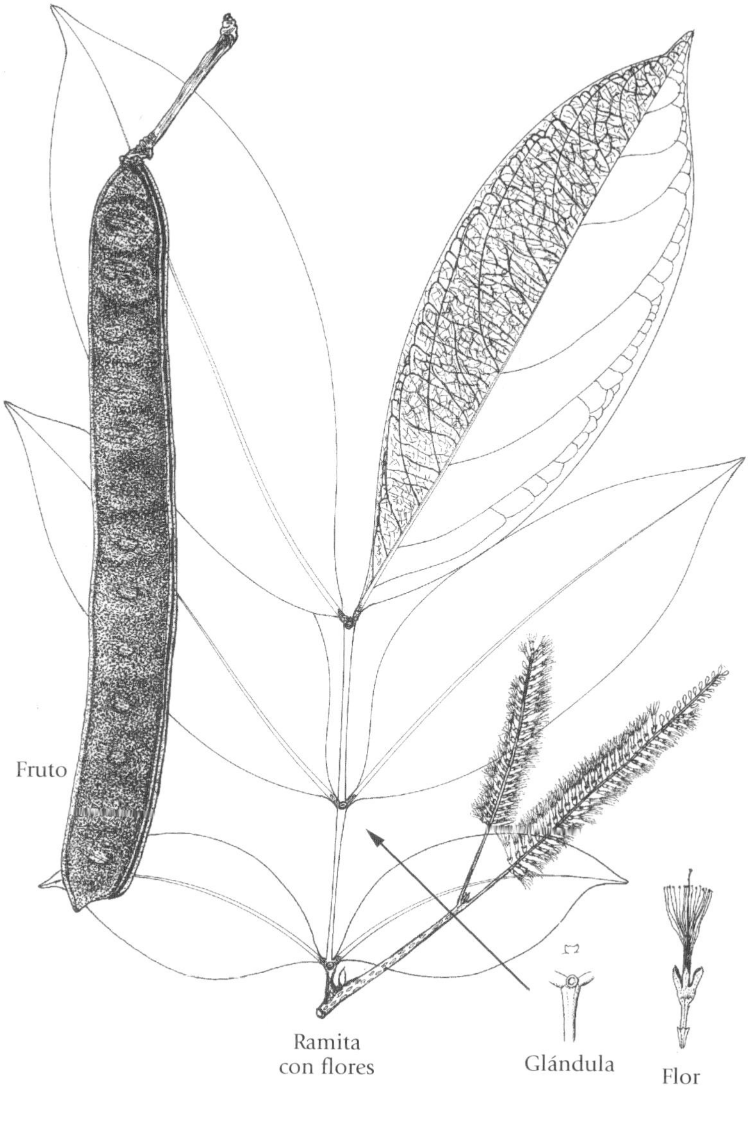

Inga cotobrusensis

Descripción botánica: Árbol de 6-10 m; ramitas con pubescencia densamente híspido-ferrugínea; estípulas lineares, híspidas, de 7-8 mm de largo, deciduas. Hojas con (4-)5 pares de folíolos, elípticos, oblongo-elípticos o elíptico-asimétricos, ápice acuminado, aristado o agudo, membranáceos, denso-hirsuto-pubescentes en ambas caras, el par terminal 10,5-15 x 3,5-5 cm, el par basal 3- 9,5 x 1,3-4,5; raquis alado o estrecho-alado, glándulas interfoliolares pediceladas, 1-2 mm de largo; pecíolo estrecho-alado o no alado. Inflorescencias en espigas o a veces subcapituladas, 2 por axila; pedúnculo 4-9 cm de largo, denso-hirsuto; raquis floral 0,3-1,5 cm de largo. Flores sésiles, cáliz 5-6 mm de largo; corola 8-9 mm de largo. Frutos aplanados, 12,5-30 x 2,1-2,3(-2,5) x 0,5 cm, linear-oblongos, densamente hirsuto-pubescentes.

Diagnóstico: Se reconoce por sus ramitas, hojas y frutos cubiertos con una pubescencia densa ferrugínea. Las glándulas del raquis son muy delgadas y estipitadas, además en algunos pares de folíolos se encuentran hasta 2 glándulas por nudo. Las inflorescencias de espigas congestionadas o a veces subcapitadas y con brácteas conspicuas podrían confundirla con *I. densiflora*, pero en esta última las glándulas del raquis son sentadas o sésiles y no estipitadas, y los frutos son más anchos y no tienen pelos. *I. cotobrusensis* está muy relacionada con *I. barbata* de Brasil y las diferencias son en el tamaño del fruto, forma de la inflorescencia, estípulas, etc. En Costa Rica está relacionada con *I. tenuiloba*, *I. jimenezii*, etc.

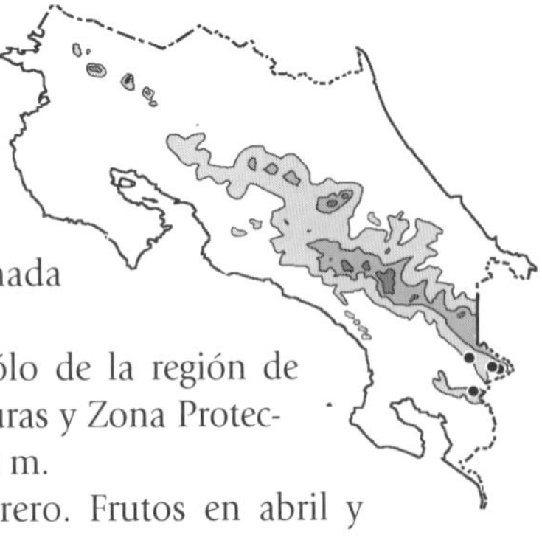

Distribución: Endémica. Conocida sólo de la región de Coto Brus: San Vito, Progreso, Las Alturas y Zona Protectora Las Tablas. Elevación 1.200-1.500 m.

Fenología: Flores observadas en febrero. Frutos en abril y marzo.

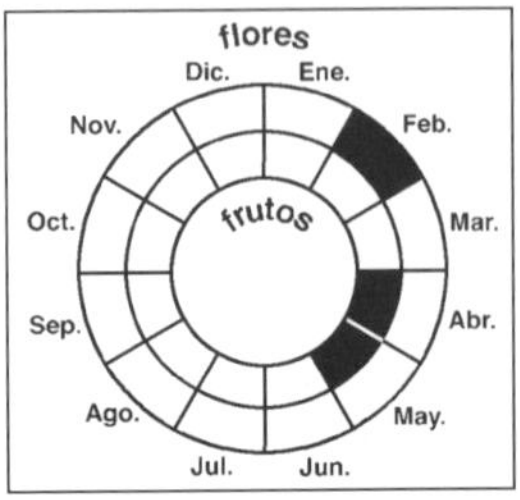

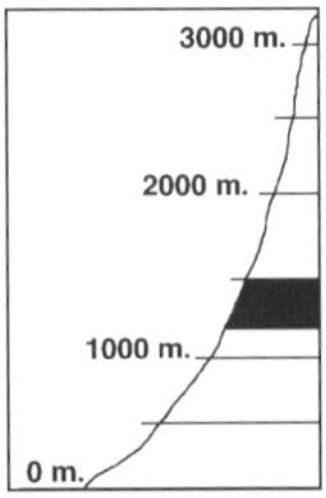

Inga cotobrusensis

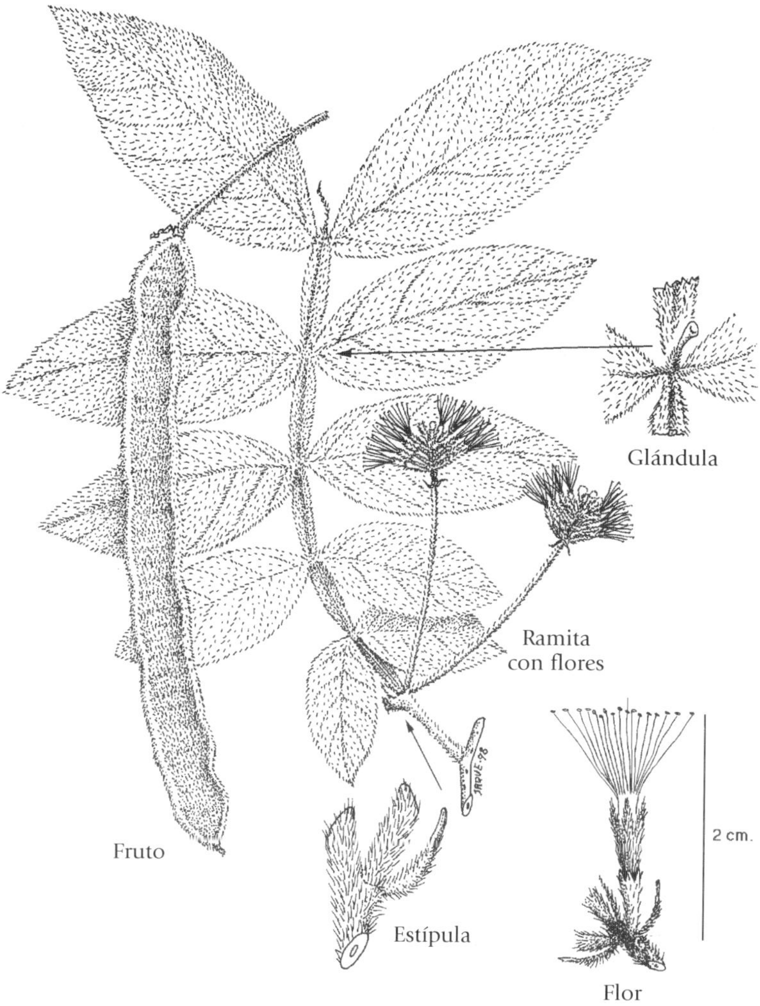

HÁBITAT: Se le observa creciendo a orillas de caminos, ríos, potreros y vegetación secundaria.
USOS: Para leña. Además tiene potencial para ser utilizada en prácticas agroforestales, tales como sombra de café. Sus frutos son comestibles.

Inga cylindrica

Descripción botánica: Árbol hasta 30 m, ramitas glabras y lenticeladas; estípulas hasta 1,5 x 0,5 cm. Hojas con (3-)4(-6) pares de folíolos, elíptico-oblongos, ápice obtuso o agudo, glabros, el par distal 5-12 x 1,8-5 cm, el par basal 4-7,5 x 1,5-4 cm, raquis no alado, glándulas interfoliolares sésiles y circulares; pecíolo no alado. Inflorescencias en espigas, pedúnculo 1,5-5 cm de largo, raquis floral 3-18 cm de largo. Flores con el cáliz de 1-1,1 mm de largo, corola 3-4,5 mm de largo. Frutos subcilíndricos a aplanados, 10-18 x 1,5-2,3 cm, conspicuamente constricto entre las semillas e inflado a la altura de éstas.

Diagnóstico: Se reconoce por sus frutos conspicuamente constrictos entre las semillas e inflados o abultados a la alturas de éstas, los cuales recuerdan a los de *I. marginata,* aunque en esta última no son constrictos. Vegetativamente se puede confundir con *I. alba,* pero ésta tiene generalmente 3 pares de folíolos.

Distribución: Costa Rica y Suramérica. En Costa Rica en la vertiente del Pacífico, conocida sólo de la Península de Osa, región de Los Mogos, Puntarenas. Elevación 100-200 m.

Fenología: Flores observadas en octubre. Frutos en abril.

Hábitat: Se observado a orillas de caminos. En climas muy húmedos.

Usos: Para leña.

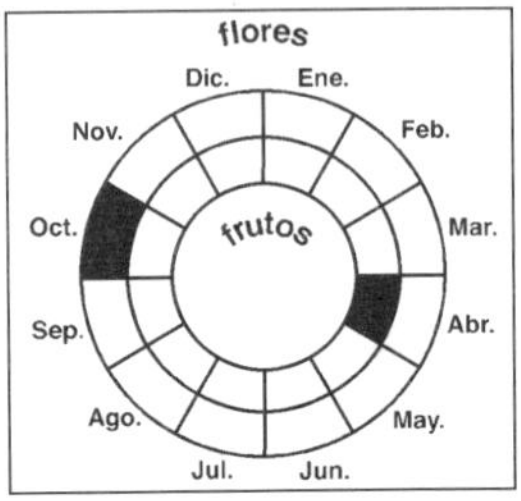

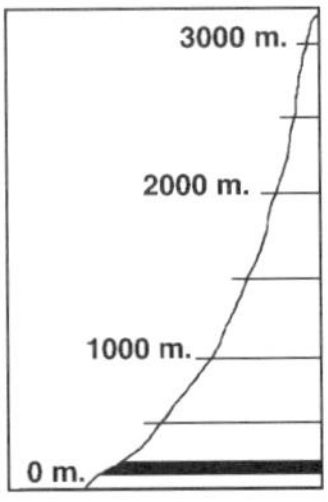

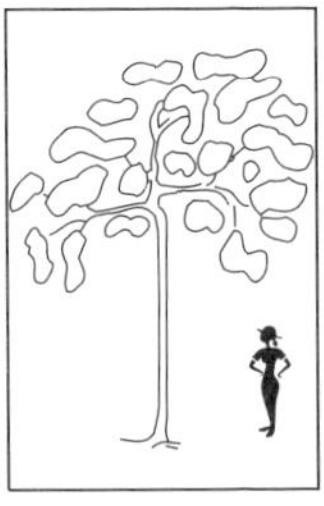

Inga cylindrica

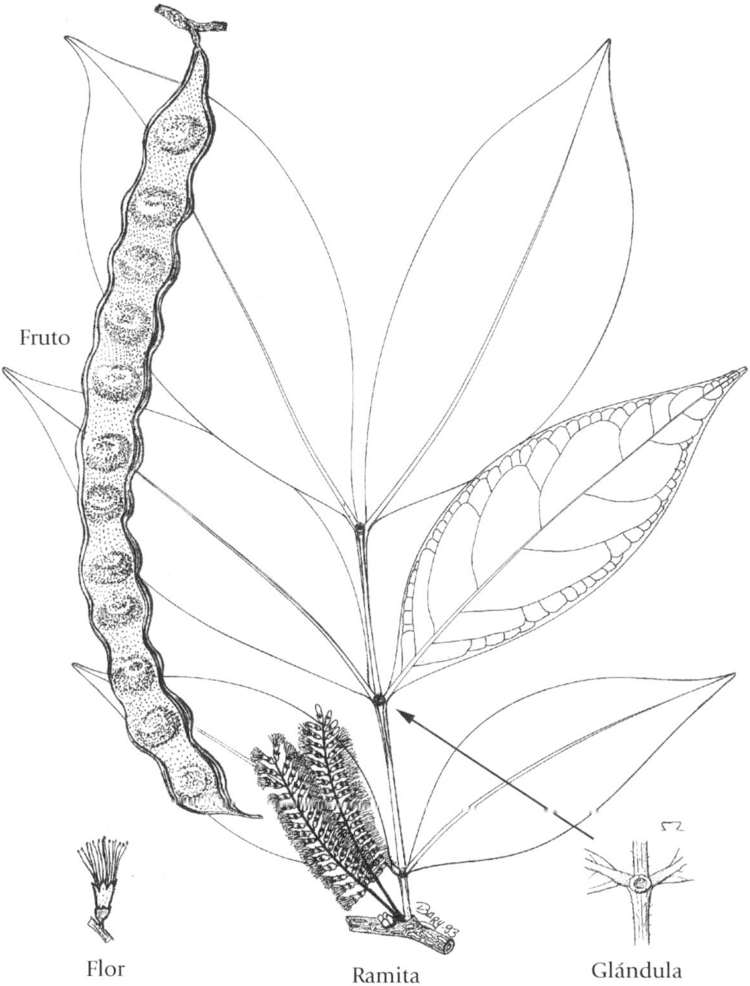

Inga densiflora

GUABA DE CAITE, GUABA SALADA

DESCRIPCIÓN BOTÁNICA: Árbol hasta 30 m; ramitas densamente ferrugíneo-tomentosas o glabras, lenticeladas; estípulas hasta 5 mm de largo, deciduas. Hojas con 4-5(-6) pares de folíolos, oblongos a obovados, ápice agudo a acuminado-lustrosos en el haz, glabros o ferrugíneo pubescentes, el par distal 7-18 x 3,5-5(-8) cm, el par basal 2,5-4 x 1,5 cm; raquis alado o no alado, glándulas interfoliolares sésiles o corto-estipitadas; pecíolo no alado. Inflorescencias en espigas, pedúnculo 4-6 cm de largo, ferrugíneo-pubescente, raquis floral 1-3 cm de largo. Flores con el cáliz de 2,5-5 mm de largo, corola 6,5-9 mm de largo. Frutos aplanados y recurvados, 8-22 x 4-10 x 1-1,5 cm, glabros o pilosos, a veces con verrugas a la altura de las semillas, leñosos.

DIAGNÓSTICO: Se reconoce por su inflorescencia, con flores congestionadas y brácteas largas (6 mm) y persistentes. Es una especie muy variable, las hojas pueden ser muy pubescentes o glabras y el raquis alado o no alado. Los frutos son subleñosos y a veces enroscados. Cuando crece en bosques montanos es posible confundirla con *I. micheliana*, pero esta última tiene las flores algo más pequeñas y los frutos mucho más estrechos.

DISTRIBUCIÓN: Amplia desde México hasta Suramérica. En Costa Rica ampliamente distribuida. Elevación 50-1,500 m, pero más frecuente por encima de los 600 m.

FENOLOGÍA: Flores y frutos observados la mayor parte del año.

HÁBITAT: Es común en algunos cafetales como árbol de sombra, también se le observa en caminos, áreas abiertas, vegetación primaria y secundaria.

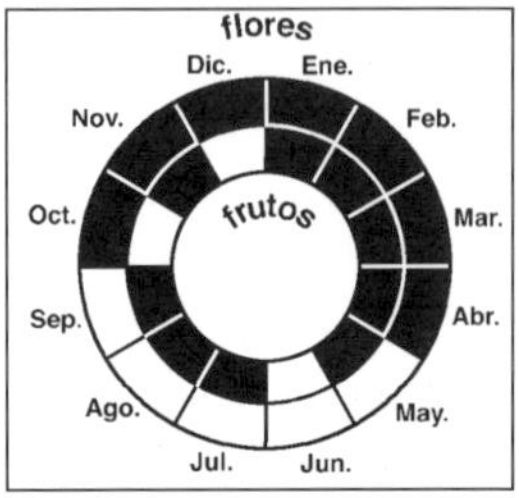

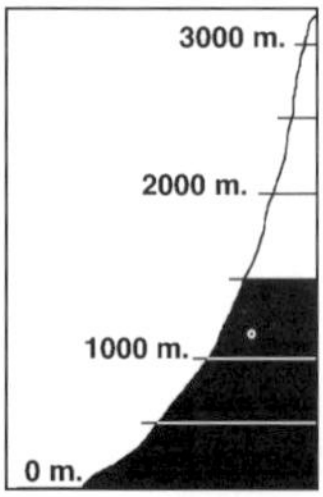

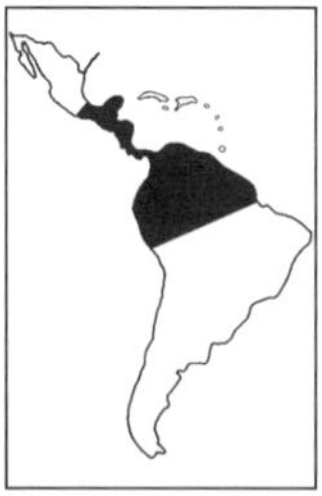

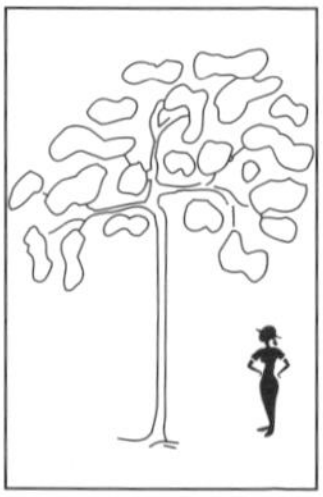

Inga densiflora

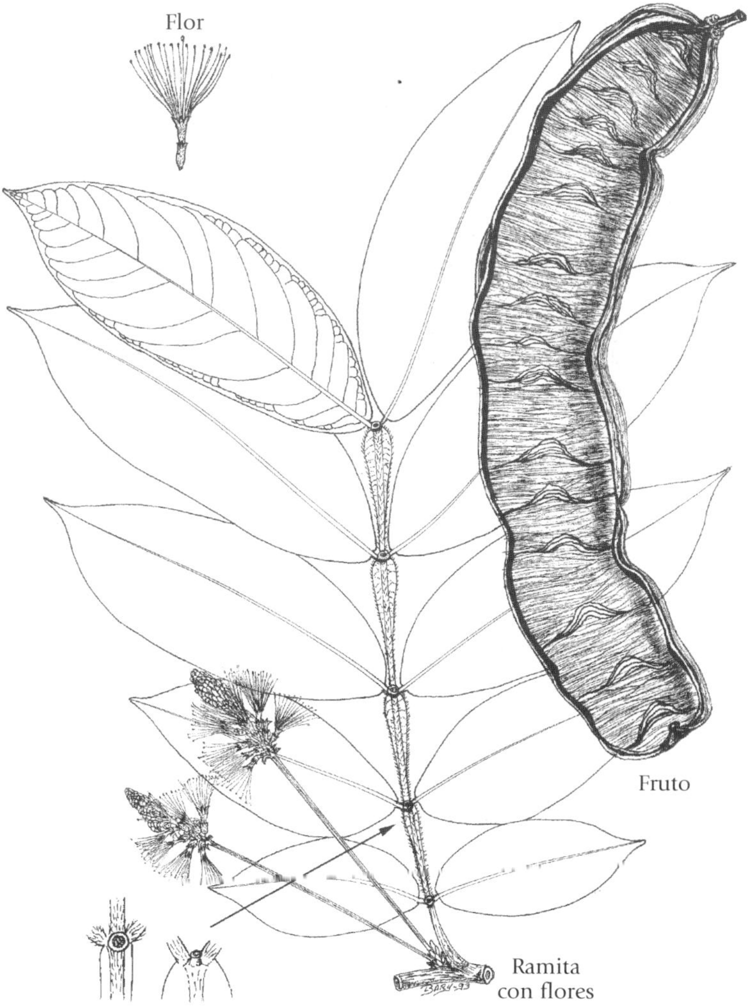

Usos: Tradicionalmente se utiliza para sombra de café, por eso es común en algunos cafetales del Valle Central. También tiene un alto potencial para leña y los frutos se comercializan en mercados locales.

Inga edulis

GUABA MECATE, GUABA CHILILLO, *MONKEY TAIL*

DESCRIPCIÓN BOTÁNICA: Árbol hasta 15 m; ramitas densamente ferrugíneo-tomentosas, lenticeladas; estípulas hasta 3 mm de largo, deciduas. Hojas con (4-)5(-6) pares de folíolos, oblongos a lanceolados, ápice agudo a acuminado, ferrugíneo-pubescentes en el envés, el par distal 8-18 x 3-8 cm, el par basal 3-7 x 2-4 cm; raquis alado, glándulas interfoliolares sésiles y en forma de disco o cúpula; pecíolo cilíndrico. Inflorescencias en espigas, pedúnculo 2-6 cm de largo, raquis floral 3-4 cm de largo. Flores con el cáliz de 7-10 mm de largo, corola 14-20 mm de largo. Frutos cilíndricos, hasta de 120 cm de largo, ferrugíneo-pubescente y marcadamente surcado.
DIAGNÓSTICO: Esta especie se suele confundir con *I. oerstediana* e *I. vera*, pero de la primera difiere por sus flores y brácteas (7 mm) más grandes y de la segunda por sus flores más pequeñas y hábitats húmedos o muy húmedos.
DISTRIBUCIÓN: Es nativa de Suramérica y ha sido introducida (cultivada) en Centroamérica (Honduras, Nicaragua, Costa Rica y Panamá). En Costa Rica ampliamente plantada y escapada, pero es más frecuente en elevaciones bajas con climas muy húmedos. Elevación 0-1.200 m.
FENOLOGÍA: Flores y frutos observados casi durante todo el año.

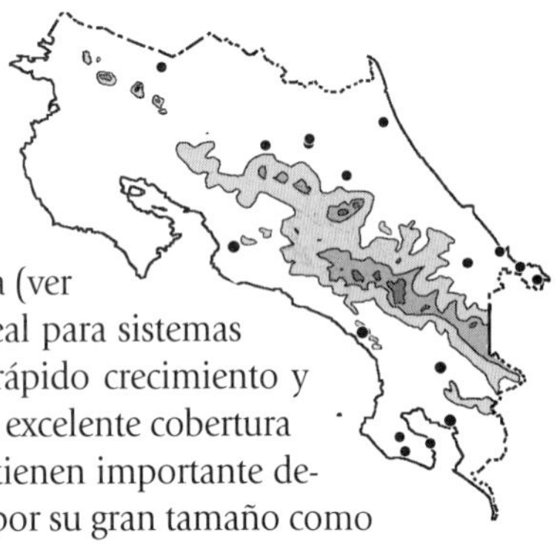

HÁBITAT: En Costa Rica, la especie ha sido plantada sobre todo como árbol de sombra y en especial para la comercialización de sus frutos.
USOS: Para leña, como árbol de sombra (ver foto 32 en página 160); además es ideal para sistemas agroforestales o agronómicos por su rápido crecimiento y una copa amplia que proporciona una excelente cobertura y producción de hojarasca. Los frutos tienen importante demanda en los mercados locales, tanto por su gran tamaño como por la abundante y jugosa "carnosidad" que envuelve las semillas.

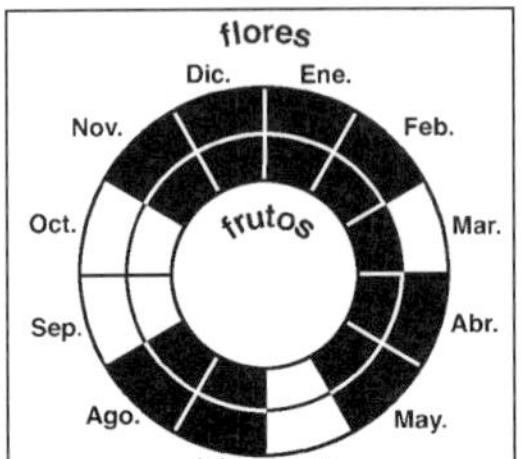

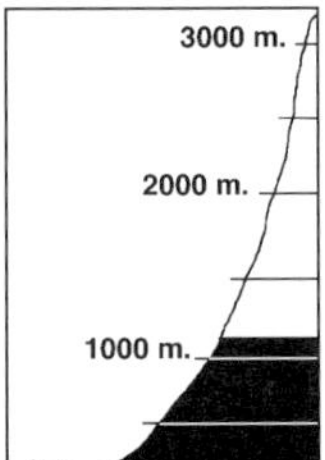

Inga edulis

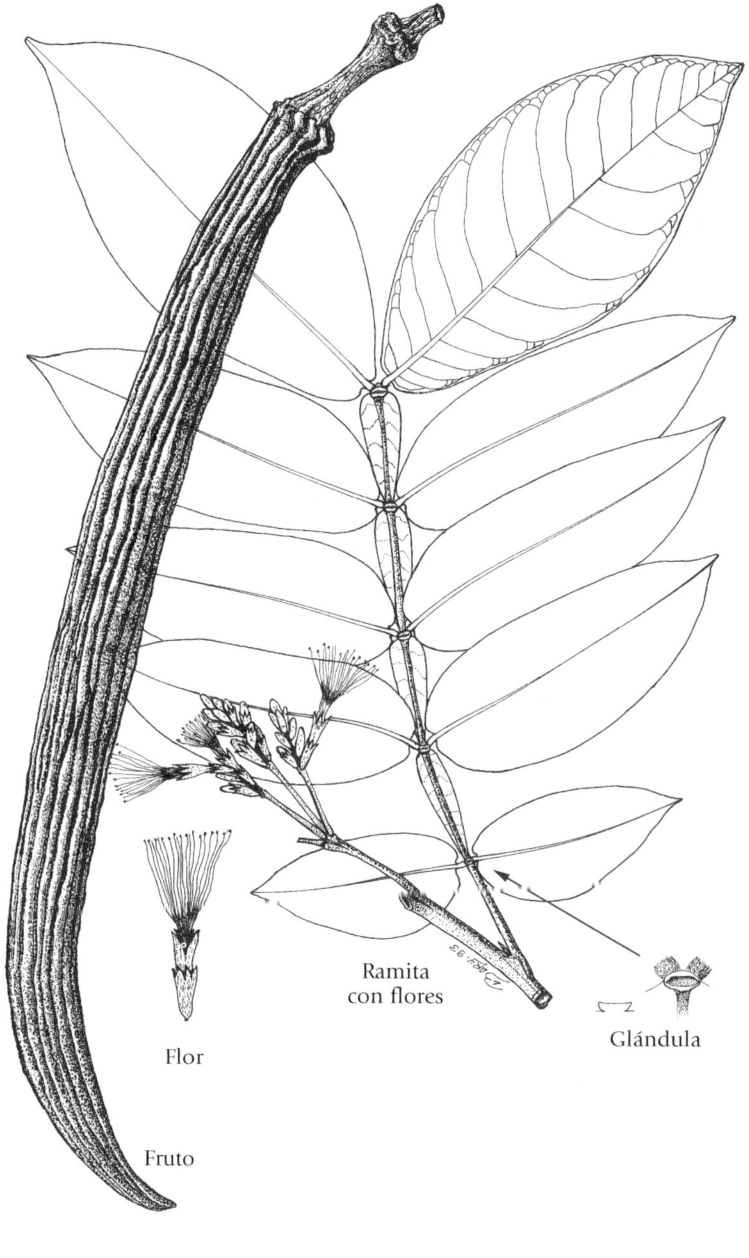

Inga exalata

Descripción botánica: Árbol 8-12 m; ramitas densamente ferrugíneo-pubescentes, poco lenticeladas; estípulas deciduas. Hojas con (2-)3-4(-5) pares de folíolos, elípticos a elíptico-obovados, ápice corto-acuminado o agudo, densamente ferrugíneo-pilosas en el envés, el par distal 6-16 x 3-6 cm, el par basal 3,2-5,2 x 1,4-2,5 cm; raquis cilíndrico, glándulas interfoliolares sésiles, delgadas o estipitadas; pecíolo cilíndrico. Inflorescencias en espigas, pedúnculo 2-4 cm de largo, raquis floral 1,5-3 cm de largo. Flores con el cáliz de 10-14 mm de largo, corola 18-24 mm de largo. Frutos aplanados, 6-15 x 4-6,5 x 1,5-2 cm, densamente ferrugíneo-pubescente.

Diagnóstico: Se reconoce por sus hojas con el raquis cilíndrico, ferrugíneo-pilosas; las glándulas muy delgadas y estipitadas; los frutos cortos y gruesos, denso-ferrugíneo-pubescentes. En Rancho Quemado (Península de Osa) se descubrió una nueva subespecie (*I. exalata* subespecie *umbilicata*), la cual presenta sólo 3 pares de folíolos y flores relativamente más grandes.

Distribución: Costa Rica y Panamá. En Costa Rica es amplia, en la Cordillera de Guanacaste, Cordillera Central y Cordillera de Talamanca. Elevación 550-1.300 m.

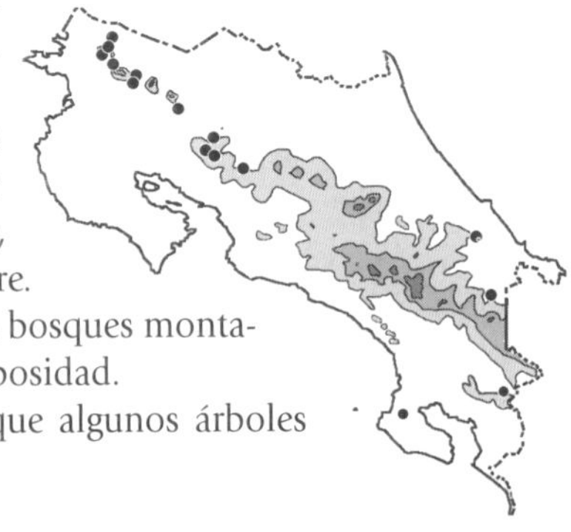

Fenología: Flores observadas en enero, febrero, marzo, abril, octubre y diciembre. Frutos en enero, febrero, marzo, abril, julio, agosto y setiembre.

Hábitat: Se observa generalmente en bosques montanos con alta humedad relativa o nubosidad.

Usos: Para leña. Se ha observado que algunos árboles producen gran cantidad de frutos.

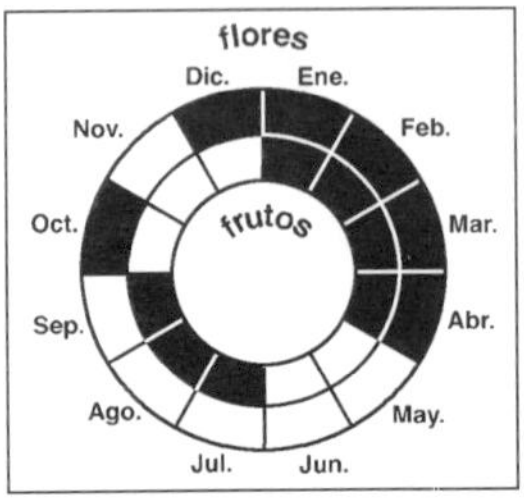

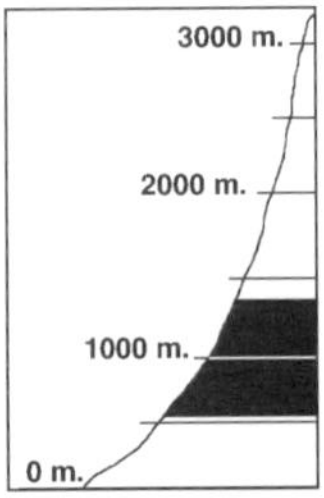

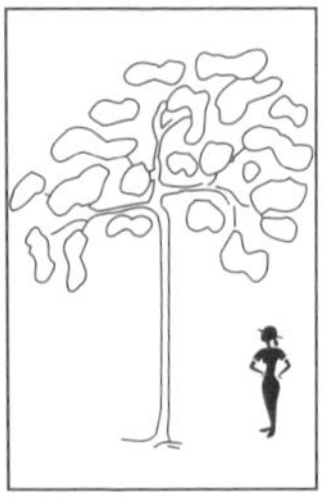

Inga exalata

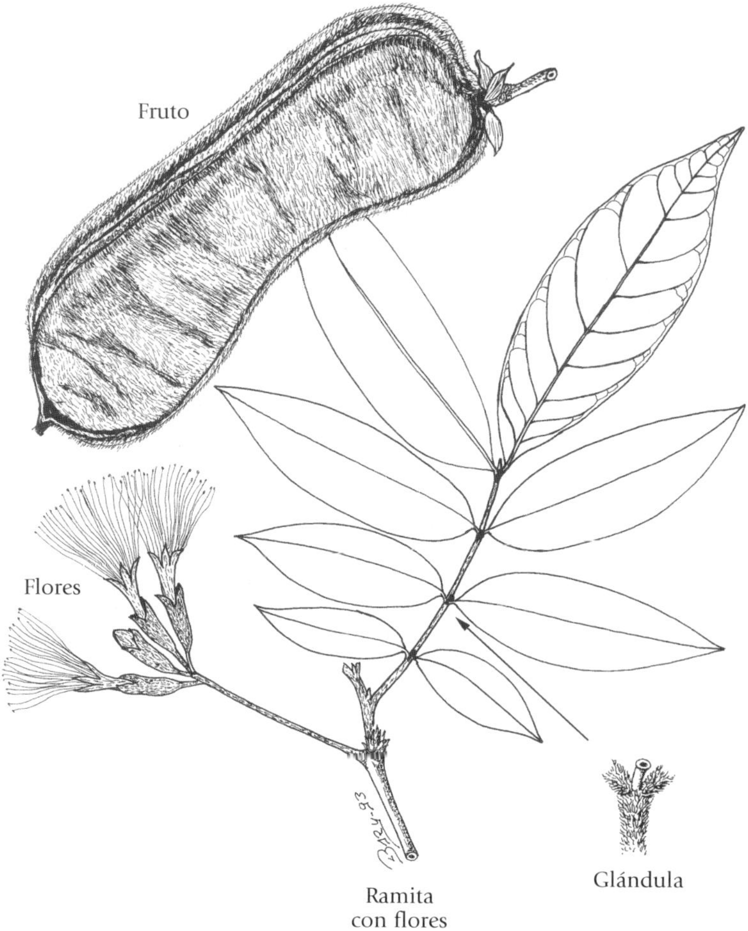

Inga goldmanii

GUABA AMARILLA

Descripción botánica: Árbol hasta 20 m; ramitas densamente ferrugíneo-hirsutas, poco lenticeladas; estípulas hasta 12 x 20 mm, cordadas y persistentes. Hojas con (3-)4(-5) pares de folíolos, elípticos a ovados, ápice agudo a acuminado, haz lustroso y envés piloso, el par distal 18-25 x 7-14 cm, el par basal 5-9 x 3-6 cm; raquis ancho-alado, glándulas interfoliolares sésiles o estipitadas; pecíolo ancho-alado. Inflorescencias en espigas, pedúnculo 4-8 cm de largo, ferrugíneo-hirsuto, raquis floral 4-7 cm de largo. Flores con el cáliz de 12-17 x 8-12 mm, corola 25-28 x 10-15 mm. Frutos aplanados, hasta 25 x 6 x 1 cm, torciéndose cuando maduros, densamente ferrugíneo-hirsutos.

DIAGNÓSTICO: Se reconoce por sus hojas rígido-coriáceas, bulladas, el tamaño de las flores y la forma de las estípulas. Algunos folíolos distales tienen una glándula sobre el nervio central, característica muy particular de pocas especies.

DISTRIBUCIÓN: Nicaragua, Costa Rica, Panamá y Venezuela. En Costa Rica amplia en la zona norte, la vertiente Atlántica y parte suroeste de la vertiente del Pacífico, principalmente en climas muy húmedos. Elevación 0- 650 m.

FENOLOGÍA: Flores observadas en enero, abril, mayo, julio, agosto, setiembre, noviembre y diciembre. Frutos en enero, febrero, marzo, abril, mayo, julio, agosto, noviembre y diciembre.

HÁBITAT: Se observa creciendo a orillas de caminos, ríos, borde de bosque, como árbol aislado, en vegetación secundaria, etc. En especial en climas muy húmedos.

USOS: Para leña. Además la especie tiene potencial como árbol para ser usado en sistemas agroforestales o agronómicos porque ofrece buena sombra y un abundante follaje que ayuda a mejorar la calidad del suelo.

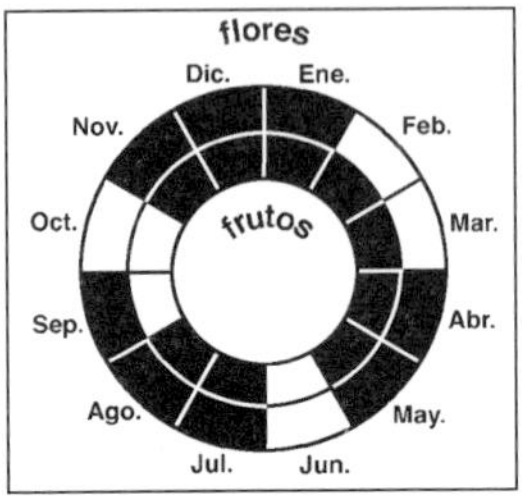

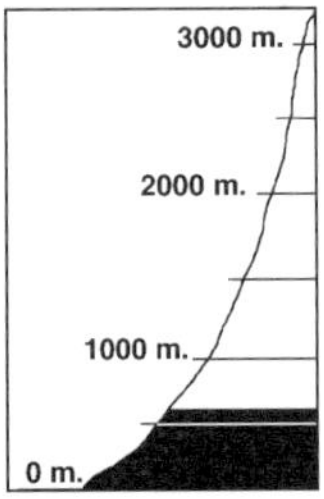

Inga goldmanii

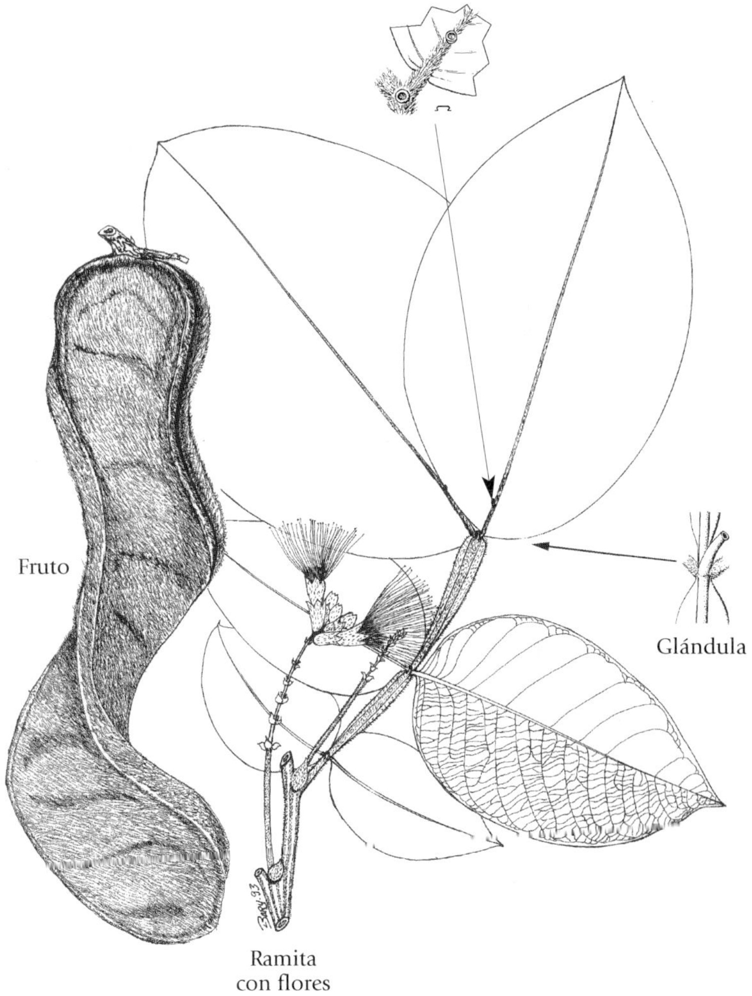

DESCRIPCIÓN BOTÁNICA: Árbol 8 m; ramitas glabras y poco lenticeladas; estípulas deciduas. Hojas con 3 pares de folíolos, elípticos, ápice acuminado, glabros y reticulados en ambas superficies, el par distal (10,5-)11,5-19 x (3,3-)4,2-6,8 cm, el par basal 8,5-14,5 x 2,7-5,2 cm; raquis cilíndrico, glándulas interfoliolares sésiles, reducidas o faltantes; pecíolo cilíndrico. Inflorescencias en capítulos, pedúnculo 0,5-2 cm de largo. Flores con el cáliz de 2,5-3 mm de largo, corola 7-8 mm de largo. Frutos aplanados, 2,3-3,3 cm de ancho, conspicuamente espiralados y con una pubescencia densa de escamas blanquecinas.

DIAGNÓSTICO: Se reconoce por sus hojas glabras, lustrosas y reticuladas por ambas superficies y los frutos aplanado-espiralados, blanquecino-escamosos. Vegetativamente muy relacionada con *I. glomeriflora* Ducke, de Suramérica, pero ambas difieren notablemente en la estructura de la inflorescencia; además en esta última las flores son relativamente más pequeñas y los frutos son rectos.

DISTRIBUCIÓN: Endémica. En la parte suroeste de la vertiente del Pacífico, hasta el momento conocida de la Península de Osa, Puntarenas (Alto Los Mogos, Rancho Quemado) y la Fila San Isidro, bases del Cerro Diamante, Quepos. Elevación 50-800 m.

FENOLOGÍA: Flores observadas en noviembre y diciembre. Frutos en junio, julio, agosto y setiembre.

HÁBITAT: Se observa creciendo en bordes de bosque, áreas abiertas, orillas de ríos y bosque primario. En climas húmedos a muy húmedos.

USOS: Para leña.

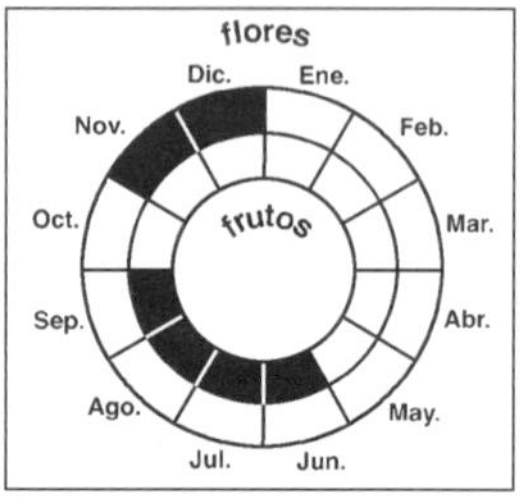

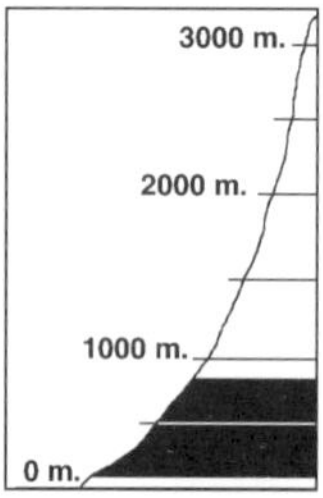

Inga golfodulcensis

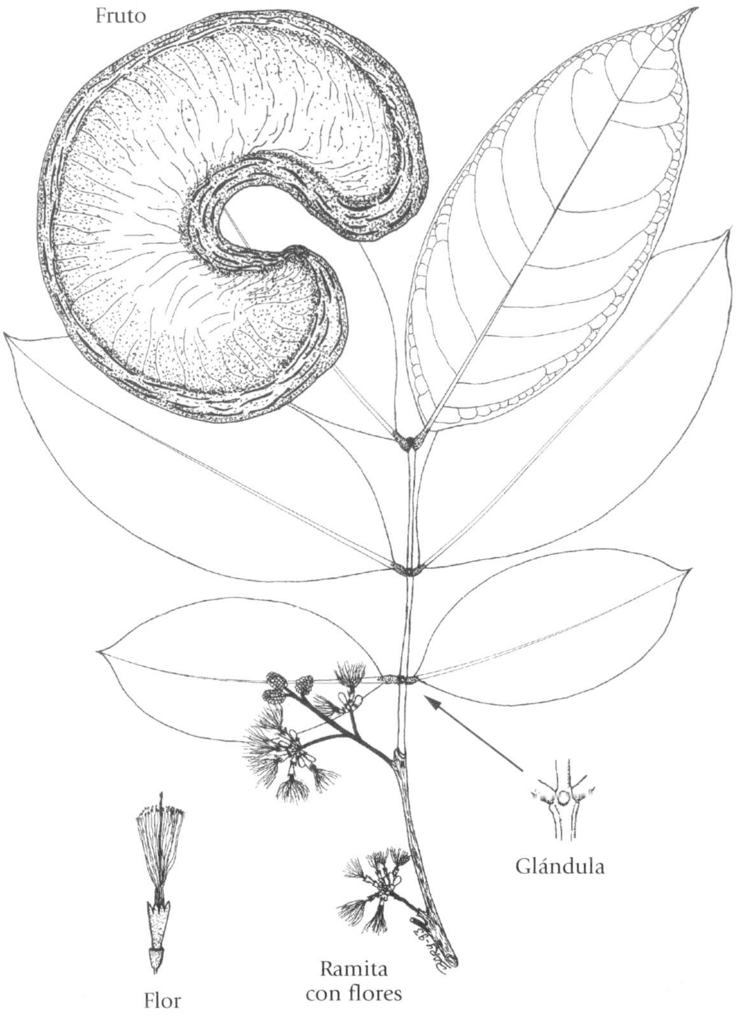

Inga herrerae

Descripción botánica: Árbol hasta 12 m; ramitas densamente ferrugíneo-pilosas; estípulas 3-4 mm de largo. Hojas con (3-)4-6 pares de folíolos, oblongos u ovado-oblongos, ápice agudo u obtuso, pilosos en el envés, el par distal (4-)6,3-12 x (1,3)2,6-5,2 cm, el par basal 3,7-6,3 x 1,5-2,5 cm; raquis alado, marginado o no alado, glándulas interfoliolares corto-largo-estipitadas; pecíolo cilíndrico o muy estrecho-alado. Inflorescencias en espigas, pedúnculo (0,5-)1-3 cm de largo, ferrugíneo-piloso, raquis floral 0,5-3 cm de largo. Flores con el cáliz de 4-7 mm de largo; corola 13-14 mm de largo. Frutos aplanados, 22,5 x 3-3,7 x 0,7-0,8 cm, denso-ferrugíneo-pubescente.

Diagnóstico: Se reconoce por sus folíolos casi sésiles, con la base subcordada y el raquis con glándulas muy delgadas; frutos estrecho-cuadrangulares con pubescencia ferrugínea densa.

Distribución: Endémica. Conocida sólo de la Cordillera de Guanacaste: Parque Nacional Rincón de la Vieja; Parque Nacional Guanacaste, Estación Pitilla. Elevación 700-1.300 m.

Fenología: Flores observadas en noviembre y febrero. Frutos de mayo a setiembre.

Hábitat: Se ha observado creciendo en bosque secundario. En climas húmedos.

Usos: Para leña. Frutos comestibles, con el arilo de sus semillas abundante y delicioso.

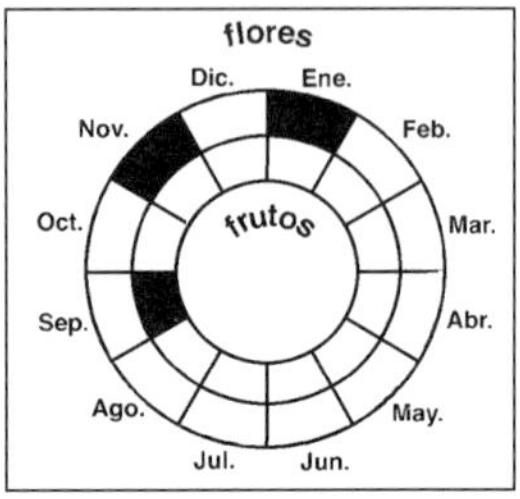

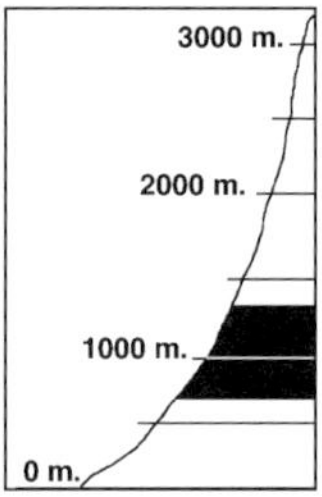

Inga herrerae

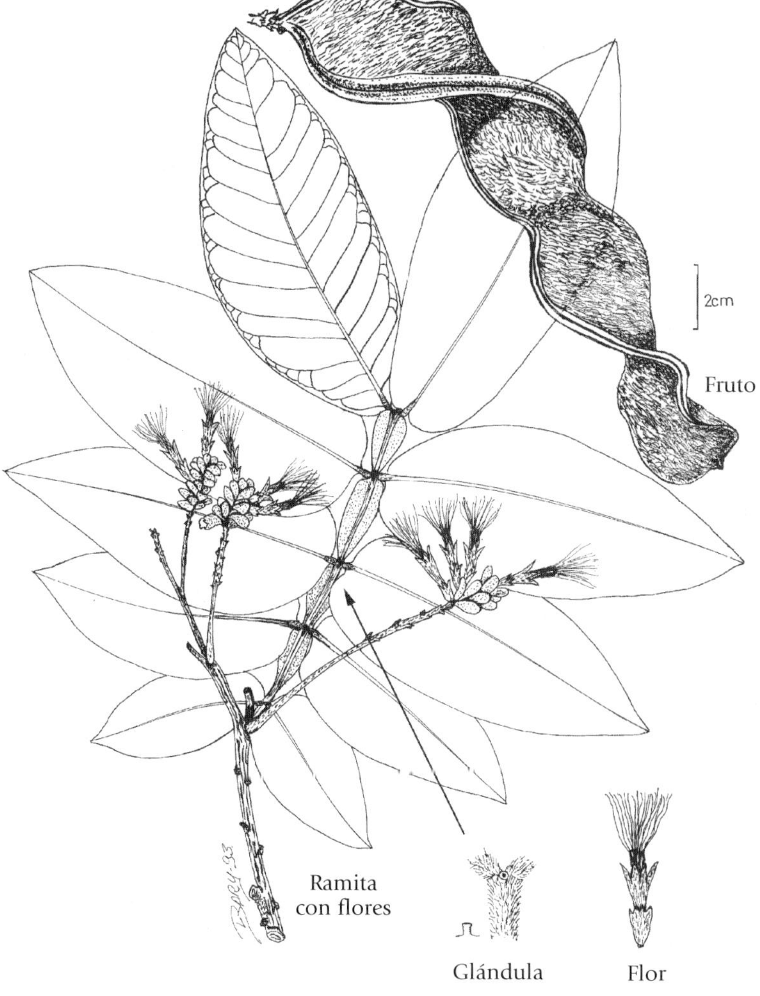

Inga jefensis

Descripción botánica: Árbol hasta 15 m; ramitas glabras y conspicuamente lenticeladas; estípulas 1,5-3,2 x 1,6-6 cm, persistentes. Hojas con 5-6 pares de folíolos, elípticos a obovados, ápice acuminado, glabros, lustrosos y reticulados, el par distal 16-25 x 5,5-7,5 cm, el par basal 6,3 x 2,5-4 cm; raquis cilíndrico, glándulas interfoliolares sésiles o casi ausentes; pecíolo cilíndrico. Inflorescencias umbela, pedúnculo hasta 7 cm de largo, delgado. Flores con pedicelos de 7-12 mm de largo; cáliz 2 mm de largo; corola 13-14 mm de largo. Frutos aplanados, hasta 30 x 1,8-4 cm, glabros.

Diagnóstico: Se reconoce por el tamaño y persistencia de las estípulas, la inflorescencia umbelada y péndula que sale del tronco o ramitas gruesas, así como por sus folíolos muy reticulados. Está relacionada con *I. flagelliformis* de Suramérica, pero en ésta la inflorescencia siempre es axilar y las hojas tienen menos folíolos, entre otras diferencias.

Distribución: Costa Rica, Panamá y Colombia. En Costa Rica conocida de El Progreso, entre Cerro Muchilla y Cerro Avioneta, Fila Matama, Cordillera de Talamanca; la Estación El Ceibo, Parque Nacional Braulio Carrillo y el Refugio de Gandoca-Manzanillo, Limón. Elevación 100-850 m.

Fenología: Frutos observados en abril.

Hábitat: Crece en bosques montanos y de bajura con terreno ondulado, con climas muy húmedos.

Usos: Para leña y con potencial como planta ornamental.

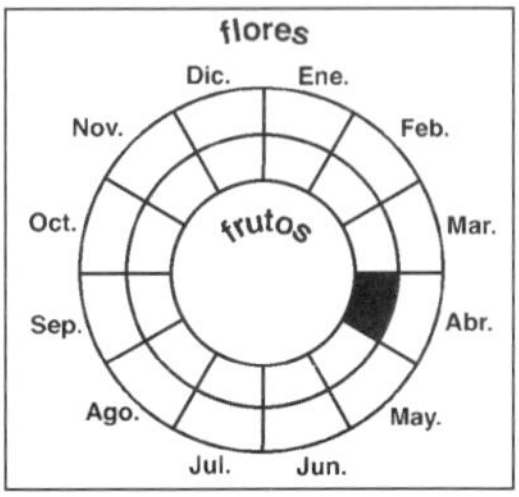

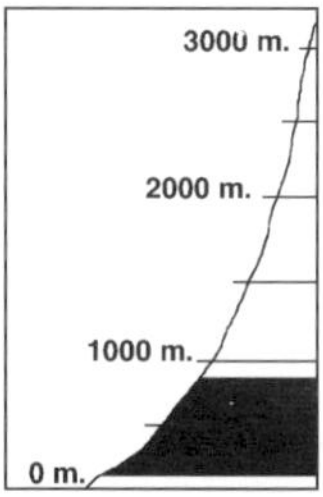

Inga jefensis

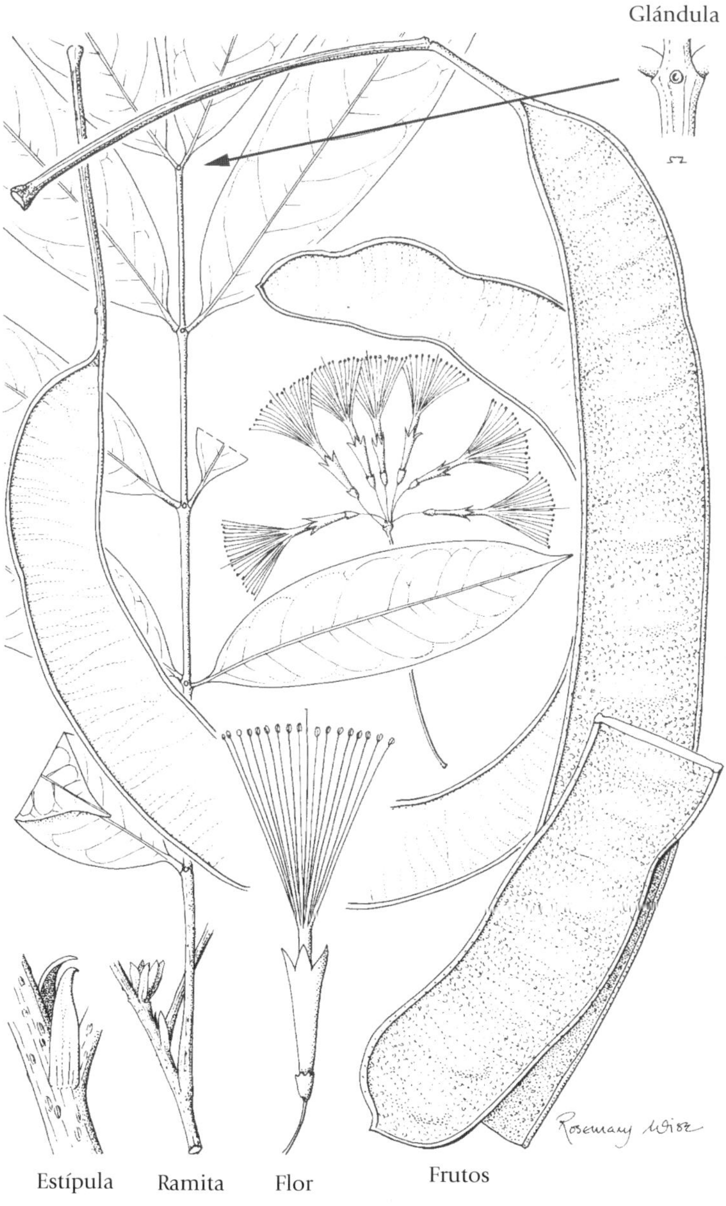

Inga jimenezii

Descripción botánica: Árbol 10 m; ramitas densamente ferrugíneo-pilosas; estípulas 12-20 x 5-6 mm, lanceoladas, persistentes. Hojas con (-1)2-3 pares de folíolos, elípticos a ovado-elípticos, ápice acuminado o largo-acuminado, pilosas en el envés, el par distal 17-25,5 x 7-10,4 cm, el par basal (6-)7,5-12,5 x 3,5-5,8 cm; raquis alado, glándulas interfoliolares largo-estipitadas; pecíolo alado. Inflorescencias en espigas, pedúnculo 2,5-4,2 cm de largo, piloso, raquis floral 2,5-4 cm de largo. Flores con el cáliz de 6-8 mm de largo; corola 15-17 mm de largo. Frutos aplanados, 16-25 x 3 cm, densamente ferrugíneo-pilosos.

Diagnóstico: Se reconoce por sus ramitas con pelos largos, ferrugíneo-pilosas, las estípulas largas y persistentes, hojas generalmente con 2 pares de folíolos, glándulas muy delgadas y estipitadas. También por sus inflorescencias congestionadas.

Distribución: Endémica. Conocida de la Reserva Biológica Carara, Zona Protectora La Cangreja, Puriscal, Faldas del Cerro Pito, Tarrazú, y Península de Osa (Parque Nacional Corcovado). Elevación 300-1.500 m.

Fenología: Flores observadas en enero y marzo. Frutos en setiembre.

Hábitat: Se ha observado en vegetación secundaria; principalmente en climas húmedos, con una estación seca larga (5-6 meses). Es común en la Estación Sirena del Parque Nacional Corcovado.

Usos: Para leña.

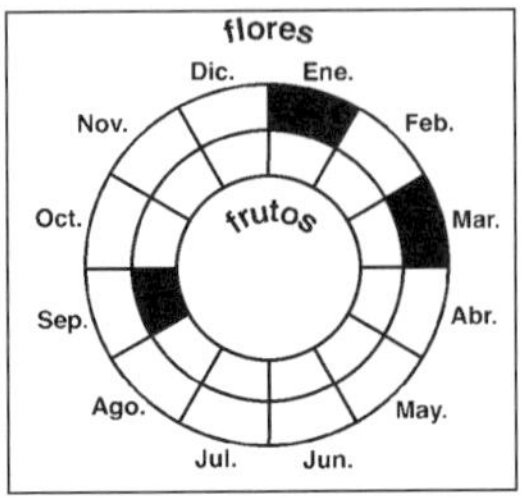

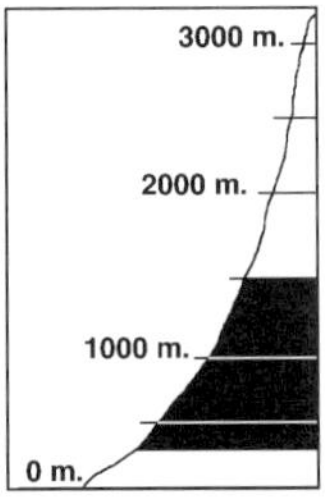

Inga jimenezii

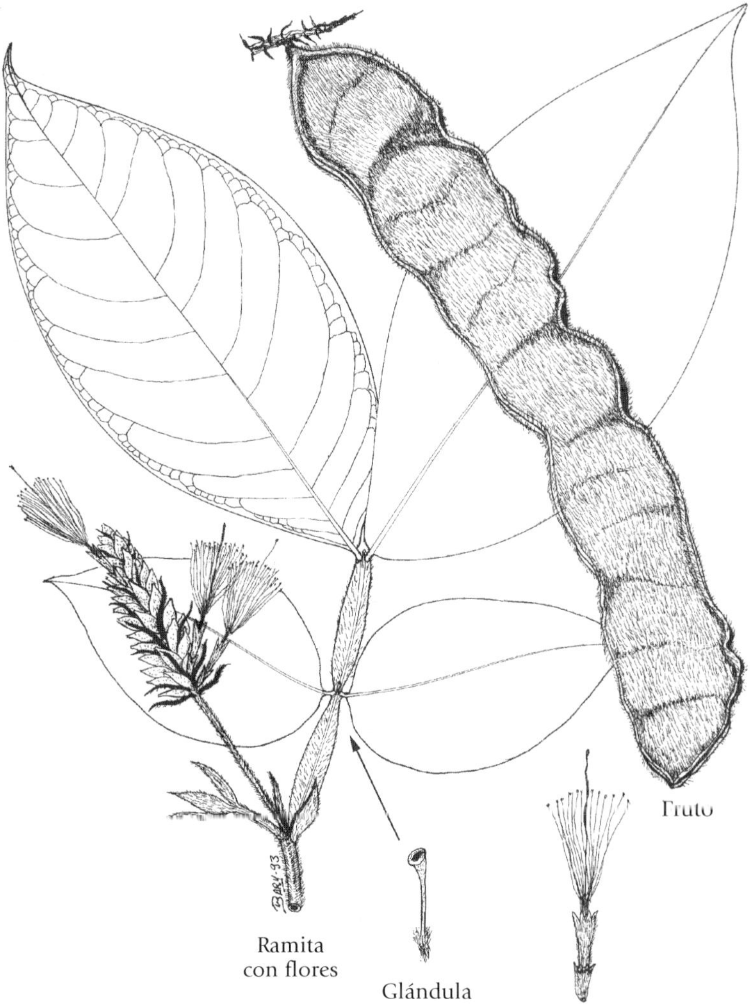

Inga jinicuil

SIN. *I. paterno* HARMS
PATERNO, GUABO CAITE

DESCRIPCIÓN BOTÁNICA: Árbol 8-15 m; ramitas glabras y lenticeladas; estípulas de 1-2 x 0,5-1 cm, persistentes algunas veces deciduas. Hojas con (3-)4(-5) pares de folíolos, obovados a lanceolados, ápice agudo a largo-acuminado, glabros, el par distal 7-18 x 3-7 cm, el par basal 6-10 x 3-4 cm; raquis cilíndrico, glándulas interfoliolares sésiles; pecíolo cilíndrico. Inflorescencias capítulos, pedúnculo 2-10 cm de largo, raquis floral globoso 2-3 cm de diámetro. Flores sésiles o pediceladas; cáliz 1,5-2 mm de largo; corola 4-6,5 mm de largo. Frutos aplanados, hasta 40 x 5-7 x 2,5-3 cm, glabros y estriados transversalmente.

DIAGNÓSTICO: Se reconoce por sus estípulas grandes, en general persistentes; folíolos glabros y reticulados; flores en capítulo, a menudo corto-pediceladas. Además por el tamaño de sus frutos.

DISTRIBUCIÓN: De México a Costa Rica y la costa Pacífica de Ecuador. En Costa Rica ampliamente distribuida, principalmente en climas muy húmedos, con una abundancia de escasa a rara. Elevación 0-1.400 m.

FENOLOGÍA: Flores observadas en enero, febrero, marzo, abril, octubre, noviembre y diciembre. Frutos en enero, febrero, marzo, abril, mayo, junio y julio; son vivíparos, es decir las semillas germinan cuando los frutos aún están en el árbol.

HÁBITAT: Se observa en áreas abiertas, orillas de caminos, ríos, vegetación secundaria y primaria. En climas de húmedos a muy húmedos.

USOS: Fue una de las primeras especies utilizadas en Centroamérica para sombra de café, pero esta práctica fue abandonada debido a su gran susceptibilidad a la enfermedad Escoba de bruja (León 1966). En la actualidad se siembra y se vende en los mercados por sus frutos de gran tamaño, los cuales contienen grandes

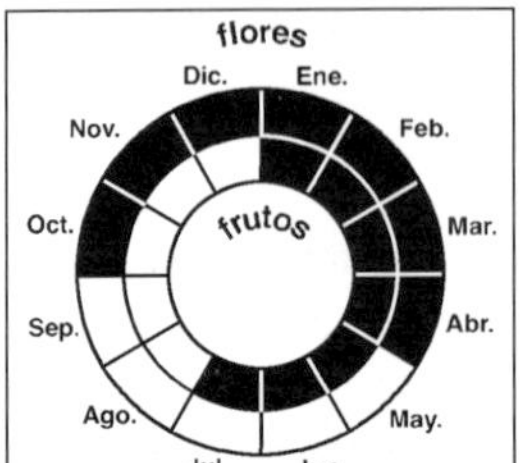

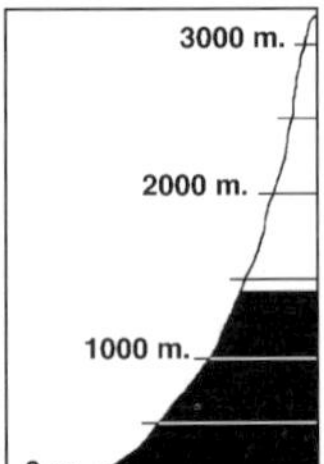

Inga jinicuil

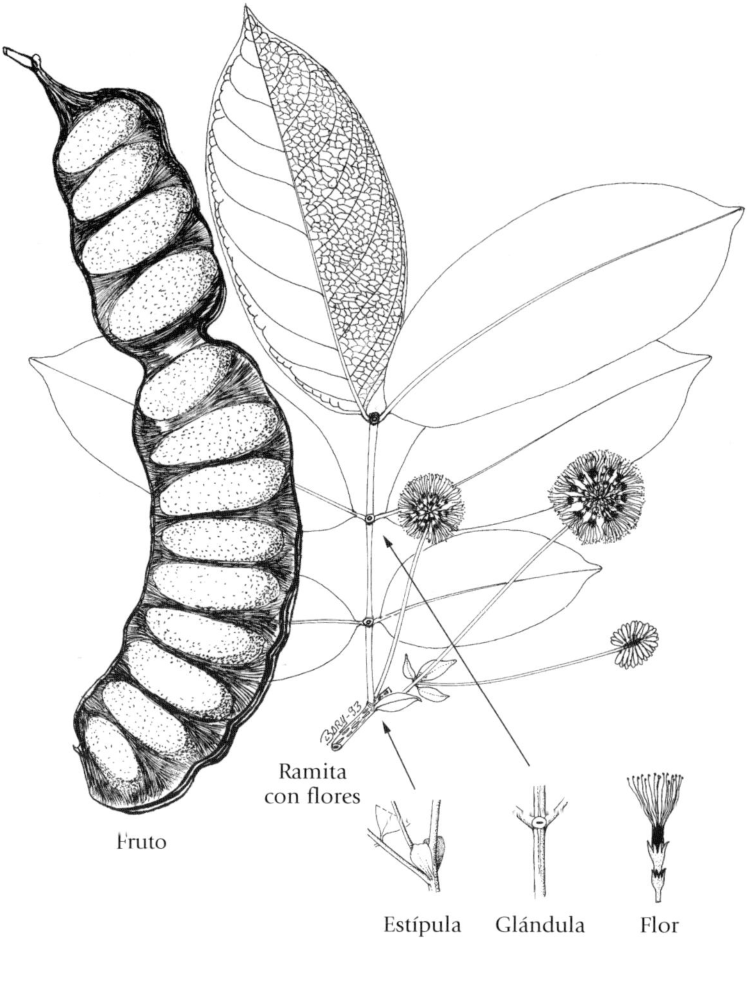

semillas envueltas por un jugoso y exquisito arilo. Podría ser importante manejar su producción controlada con fines económicos. Es de las pocas especies de las cuales se sabe que sus semillas son comestibles una vez cocinadas en agua o tostadas. Según estudios, su contenido proteínico es muy satisfactorio.

Inga latipes

Descripción botánica: Árbol 7-15 m; ramitas muy lenticeladas; estípulas pequeñas y deciduas. Hojas con 3 pares de folíolos, lanceolados, ápice acuminado, glabros, el par distal 8-12 x 3-5 cm, el par basal 3-5,5 x 1,5-2,1 cm; raquis cilíndrico, glándulas interfoliolares sésiles y en forma de olla (2,1-2,5 mm); pecíolo cilíndrico. Inflorescencias en espigas, pedúnculo 2,5-4 cm de largo, raquis floral hasta 2,5 cm de largo. Flores sésiles, cáliz 4-6 mm de largo, corola 9-10 mm de largo. Frutos aplanados, 9-48,5 x 2,6-4 cm, con verrugas o abultados a la altura de las semillas.

Diagnóstico: Se reconoce por sus hojas con 3 pares de folíolos, las glándulas relativamente grandes en forma de olla y los frutos con verrugas a la altura de las semillas; además por su hábitat montano.

Distribución: Endémica. Conocida de las cordilleras de Guanacaste, Tilarán, Central y de Talamanca. Elevación 1.000-1.700 m.

Fenología: Flores observadas en agosto y setiembre. Frutos en marzo, junio y agosto.

Hábitat: Se ha observado a orillas de caminos, áreas abiertas, vegetación secundaria, etc. En climas de húmedos a muy húmedos montanos. Su abundancia es de bastante escasa a rara.

Usos: Para leña.

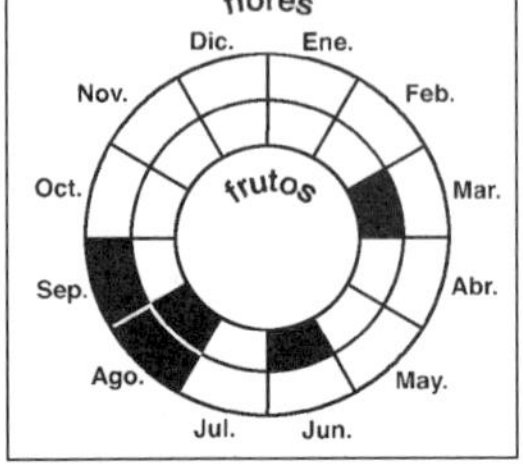

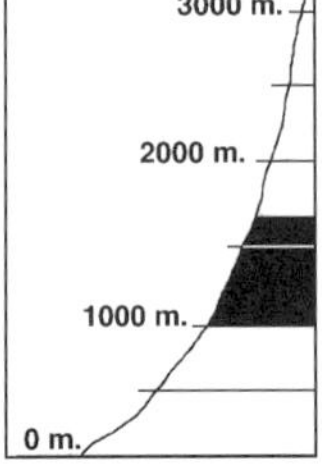

Inga latipes

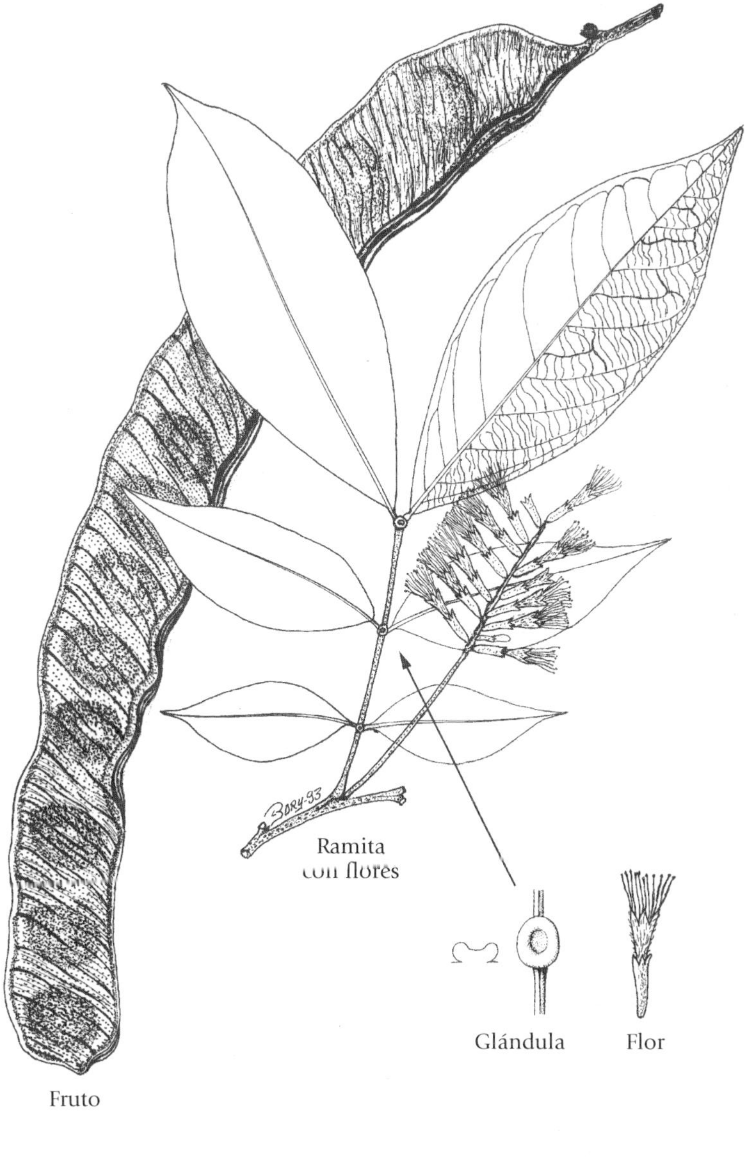

Inga laurina

SIN. *I. fagifolia* (L.) WILLD. EX BENTH.

DESCRIPCIÓN BOTÁNICA: Árbol hasta 40 m; ramitas glabras y lenticeladas; estípulas hasta 10 x 4 mm persistentes hacia el ápice. Hojas con 2(-3) pares de folíolos, generalmente obovados a estrecho-elípticos, ápice redondeado, retuso o apiculado, glabros, el par distal 4-12(-16) x 2-5(-6) cm, el par basal 2,7-6 x 1-4 cm; raquis cilíndrico, glándulas interfoliolares sésiles y en forma de disco o cúpula; pecíolo cilíndrico. Inflorescencias en espigas, pedúnculo 1-4 cm de largo, raquis floral 3-11 cm de largo. Flores con el cáliz de 1-2 mm de largo, corola 3-6 mm de largo. Frutos aplanados, 10-30 x 2-5 cm, glabro.

DIAGNÓSTICO: Se reconoce por sus hojas generalmente con 2 pares de folíolos obovados, con el ápice redondeado o apiculado, la inflorescencia con el raquis floral más largo que el pedúnculo. En la región de Caño Negro los árboles son peculiares por su tronco corto y la copa muy amplia, densa y redondeada.

DISTRIBUCIÓN: Amplia desde México hasta Suramérica, Paraguay y el norte de Argentina; además en las Antillas Mayores y Menores. En Costa Rica hasta el momento conocida sólo de la zona norte, Llanura de Guatuso: Los Chiles, Refugio Nacional de Vida Silvestre Caño Negro. Elevación 20-40 m.

FENOLOGÍA: Flores observadas en abril. Frutos en marzo.

HÁBITAT: Se ha observado en áreas abiertas, potreros y vegetación secundaria. En climas húmedos con una estación seca marcada (3-4 meses).

USOS: Para leña; además como ornamental en áreas extensas o grandes por su hermosa copa redondeada y densa.

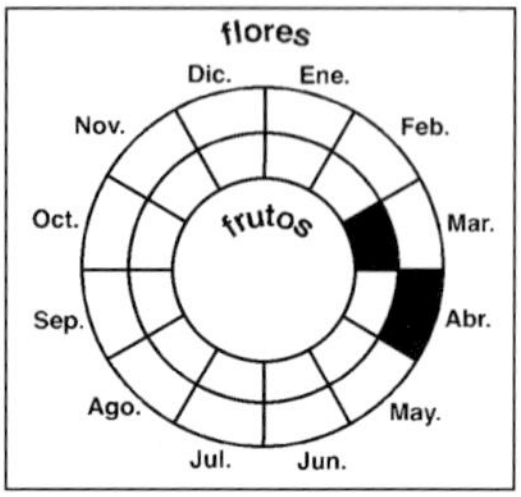

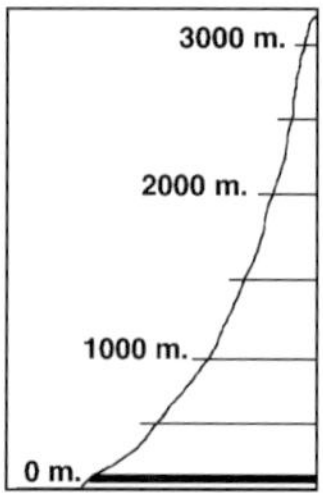

Inga laurina

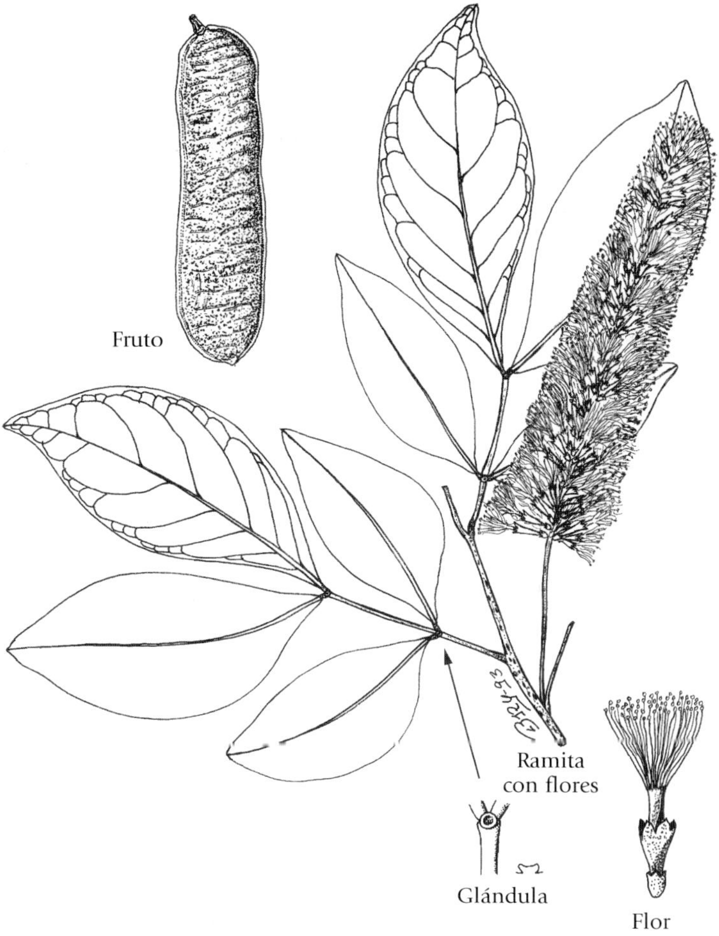

Inga leiocalycina

GUABO COLORADO, GUABO RON RON

DESCRIPCIÓN BOTÁNICA: Árbol 20-35 m, ramitas muy lenticeladas, ferrugíneo-piloso-pubescentes; estípulas pequeñas y deciduas. Hojas con 2 pares de folíolos, elípticos a oblanceolados, ápice acuminado a cuspidado, con pubescencia pilosa, el par distal 11-18,5(-28) x 4-6(-12) cm, el par basal 7-9(-17,5) x 3-5(-8) cm; raquis cilíndrico, glándulas interfoliolares sésiles; pecíolo cilíndrico. Inflorescencias en espigas, pedúnculo 2-5 cm de largo, ferrugíneo-pubescente, raquis floral 1(-3) cm de largo. Flores sésiles, cáliz 5-7 mm de largo, corola 9-13 mm de largo. Frutos aplanados, 10-32 x 2,5-4 cm, con pequeñas proyecciones o verrugas a la altura de las semillas.

DIAGNÓSTICO: Se reconoce por sus ramitas muy lenticeladas, ferrugíneo-pubescentes, hojas con 2 pares de folíolos y frutos coriáceos alargados. Igual que *I. alba*, los árboles adultos alcanzan tamaños comerciales. Además hemos observado que la exfoliación de los troncos pardo rojizo en placas muy pequeñas se debe a la acción de las ardillas (*Microciurus*), que muerden la corteza. Durante mucho tiempo esta especie fue erróneamente identificada como *Inga coruscans*.

DISTRIBUCIÓN: México hasta Suramérica (Amazonia brasileña y Bolivia). En Costa Rica conocida principalmente de la zona norte y la vertiente Atlántica: región de Sarapiquí, Guápiles, Guatuso, etc. Elevación 30-700 m.

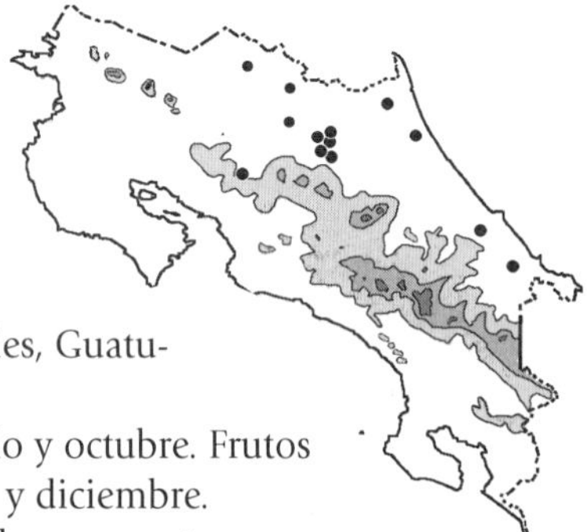

FENOLOGÍA: Flores observadas en junio y octubre. Frutos en febrero, marzo, abril, mayo, julio y diciembre.

HÁBITAT: Se ha observado a orillas de bosque, potreros, vegetación secundaria y primaria. En climas muy húmedos.

USOS: Para leña y construcción en general, aunque no hay mucha

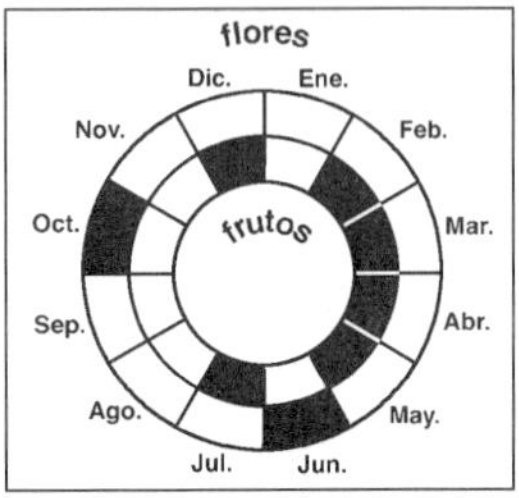

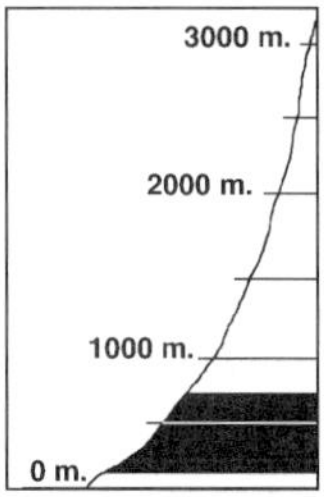

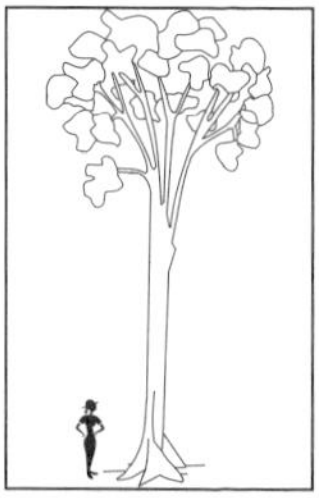

Inga leiocalycina

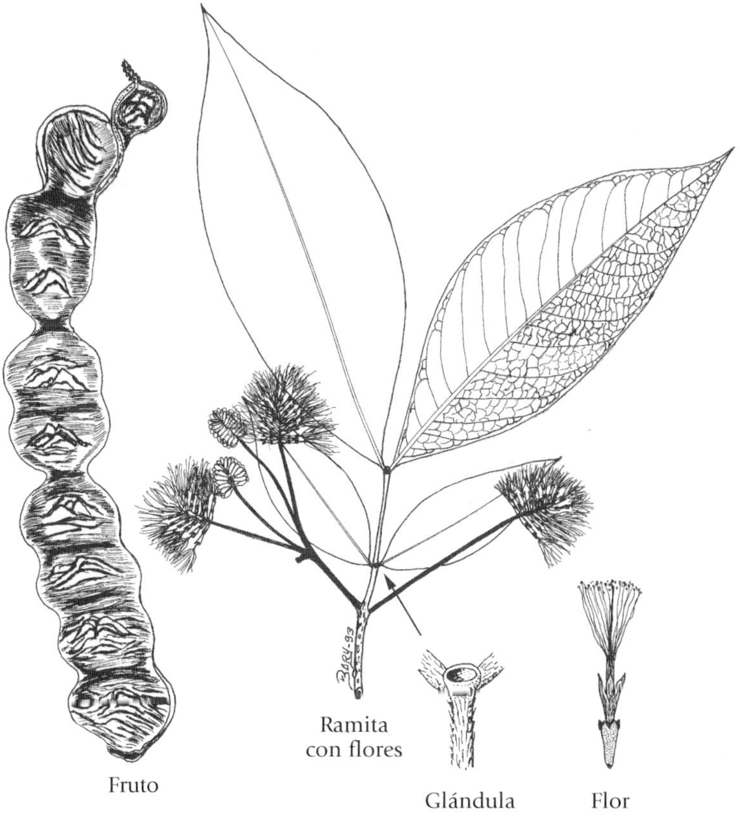

demanda por ser una especie escasa y la madera es dura. Sin embargo, por alcanzar gran tamaño se recomienda sembrarla para la producción de leña.

Inga leonis

Descripción botánica: Árbol 6-25 m; ramitas anguladas o cuadrangulares, con pubescencia ferrugíneo-hirsuta; estípulas 3-4 mm de largo, ovado-cordadas. Hojas con (2-)3(-4) pares de folíolos, ovados, obovados, elípticos u oblongos, ápice agudo, acuminado o redondeado, ferrugíneo-hirsutas en el envés, el par distal 14,7-28,5 x 6,5-12 cm, el par basal 5,6-14 x 3-8,6 cm; raquis alado, glándulas interfoliolares sésiles a corto-estipitadas; pecíolo alado o cilíndrico. Inflorescencias en espigas, pedúnculo 1-8,3 cm de largo, raquis floral (1-)1,5-7,6 cm de largo. Flores sésiles; cáliz 5-12 mm de largo; corola (10-)15-25 mm de largo. Frutos aplanados, 11,7-39,2(-43) x 3,8-4,5 x 0,6-1,3 cm, densamente amarillo o ferrugíneo-hirsuto-pubescentes.

Diagnóstico: Se reconoce por sus ramitas anguladas y ferrugíneo-hirsutas, la inflorescencia con brácteas espatuladas y persistentes y los frutos relativamente grandes y cuadrangulares. Se ha notado que los brotes o ramitas jóvenes tienen escamas blanquecinas.

Distribución: De Costa Rica a Panamá. En Costa Rica amplia en la parte norte del país: Cordillera Volcánica de Tilarán y Cordillera Volcánica Central. Además se ha observado en la falda oeste de la fila Cruces (Cordillera de Talamanca). Elevación 300-1.300, pero más frecuente por encima de los 500 m.

Fenología: Flores observadas de enero a noviembre. Frutos en febrero, marzo, abril, mayo, junio, julio, octubre y noviembre.

Hábitat: Se ha observado a orillas de caminos, vegetación secundaria y primaria. Generalmente en bosques montanos, con climas muy húmedos.

Usos: Para leña. Además podría ser recomendable en sistemas agroforestales o silvopastoriles por su copa amplia y el follaje denso.

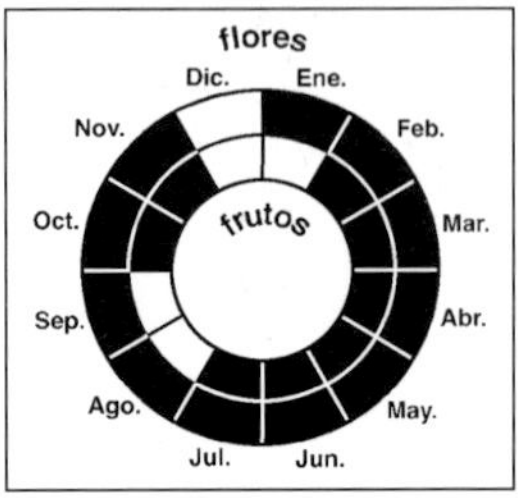

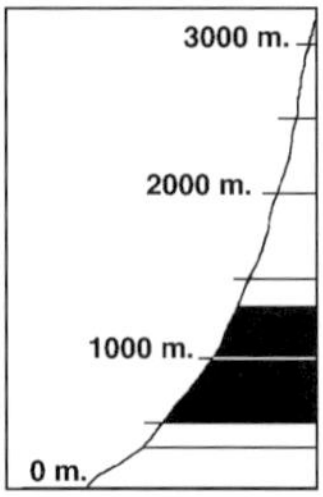

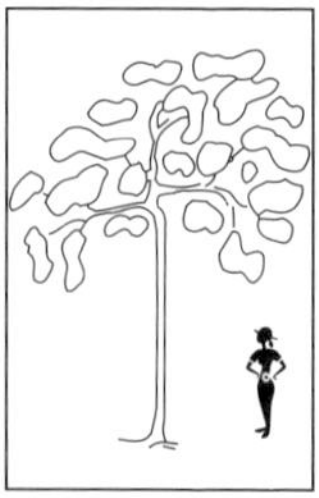

Inga leonis

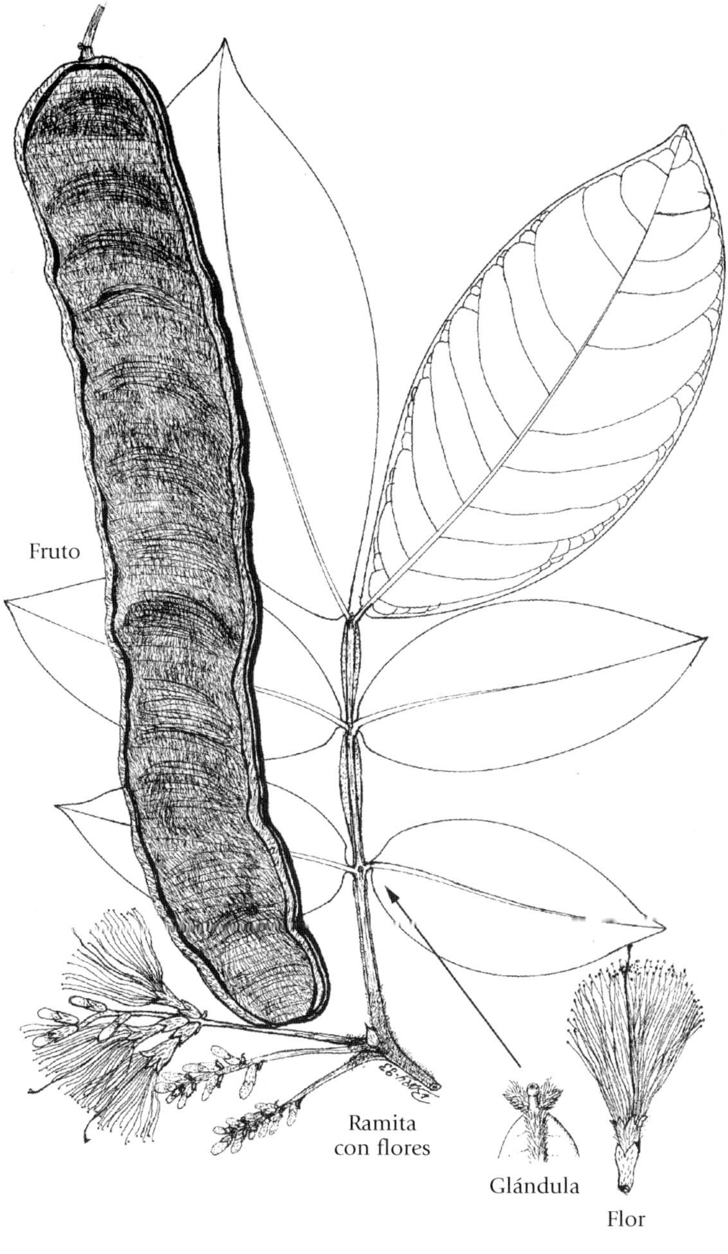

Inga litoralis

Descripción botánica: Árbol hasta 8 m; ramitas densamente ferrugíneo-pilosas; estípulas 4 mm de largo. Hojas con 3 pares de folíolos, elípticos, ápice acuminado, agudo y corto-mucronado, densamente ferrugíneo-pilosas en el envés, el par distal 6-22,5 x 5,3-8,5 cm, el par basal 6,3-12 x 2,9-5,6 cm; raquis alado, glándulas interfoliolares estipitadas; pecíolo alado o a veces cilíndrico. Inflorescencias en espigas, pedúnculo 3,3-7 cm de largo, ferrugíneo-piloso, raquis floral 1-3(-8,2) cm de largo. Flores sésiles; cáliz 4-5 mm de largo; corola 6-8 mm de largo. Frutos aplanados y algo curvos, 13-25 x 1,3-1,9 x 0,6-0,7 cm, denso-ferrugíneo-pubescentes.
Diagnóstico: Se reconoce por sus flores congestionadas sobre un pedúnculo largo, con una pubescencia amarillenta a ferrugínea de pelos cortos. Además, las glándulas sobre el raquis son delgadas y corto-estipitadas.
Distribución: Endémica. Conocida de la vertiente del Pacífico, desde la Reserva Biológica Carara hasta la Península de Osa (Puntarenas). Elevación 5-400 m.
Fenología: Flores observadas en febrero, marzo y abril. Frutos en enero, julio, agosto y setiembre.
Hábitat: Se ha observado a orillas de bosque, caminos, vegetación secundaria y primaria. En climas húmedos con una estación seca marcada.
Usos: Para leña. Además, es adecuada para usar en sistemas agroforestales por su follaje denso.

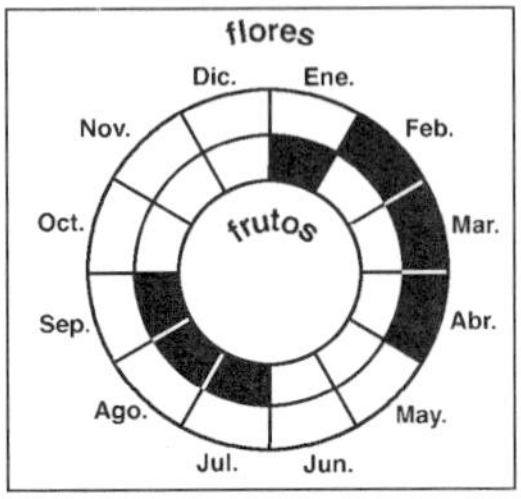

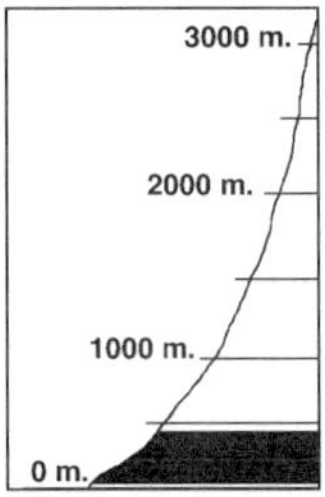

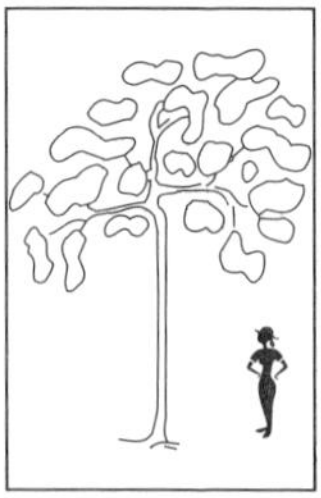

Inga litoralis

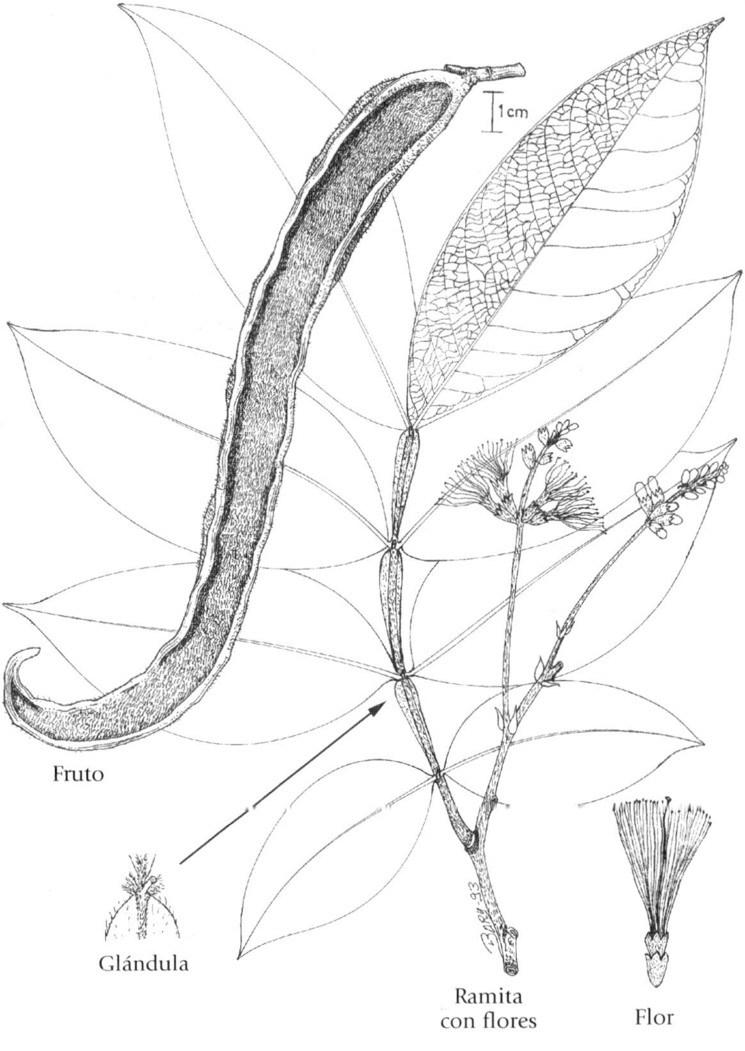

Inga longispica

Descripción botánica: Árbol hasta 15 m; ramitas glabras; estípulas hasta 5 mm de largo. Hojas con (2-)3 pares de folíolos, elípticos a lanceolado-oblongos, ápice acuminado, glabros y lustrosos en el haz, el par distal 6-8(-11) x 1-2,5(-4) cm, el par basal 3-5 x 1-2,5 cm; raquis cilíndrico, glándulas interfoliolares sésiles o corto-estipitadas; pecíolo cilíndrico. Inflorescencias en espigas, pedúnculo 3-6 cm de largo, raquis floral 8-17 cm de largo. Flores con el cáliz de 2 mm de largo; corola 5-6 mm de largo. Frutos aplanados, 10-20 x 2,5-3 cm, lisos y glabros.

Diagnóstico: Se reconoce por su hábitat altitudinal, los folíolos estrechos y lustrosos en el haz, las espigas largas, las flores con el tubo estaminal incluido y los frutos lisos. Sin embargo, llega a ser difícil de diferenciar de algunas variaciones de *I. marginata* de sitios altos (>1.000 m) y sólo es posible separarlas cuando se tienen flores o frutos.

Distribución: Costa Rica , Panamá y Colombia. En Costa Rica en la Cordillera de Guanacaste, Cordillera de Tilarán, Cordillera Central y Cordillera de Talamanca. Elevación (600)1.000-2.000 m.

Fenología: Flores observadas en marzo, julio, agosto y setiembre. Frutos en febrero, julio, octubre, noviembre y diciembre.

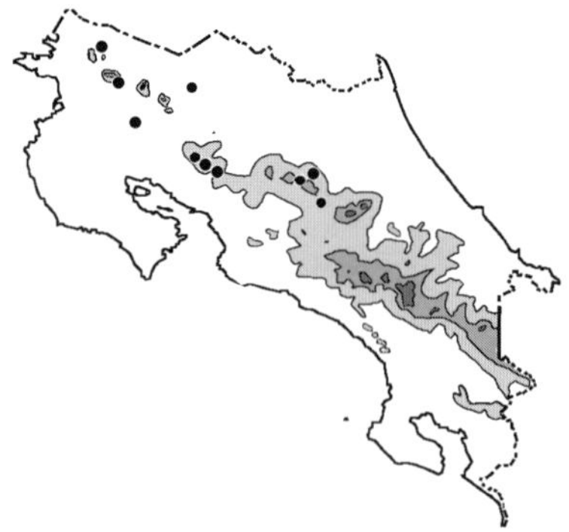

Hábitat: Se ha observado a orillas de caminos, borde de bosque, vegetación secundaria y primaria. En climas muy húmedos montanos.

Usos: Para leña.

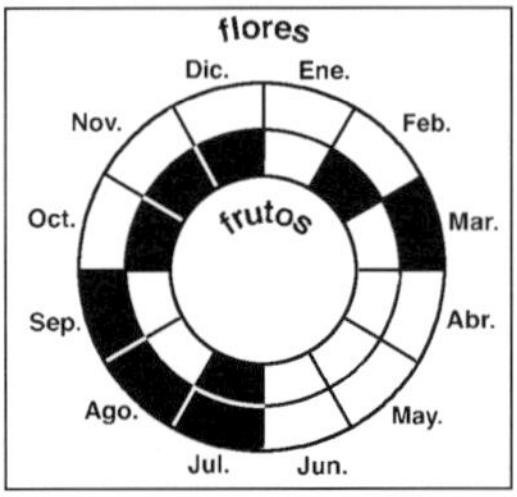

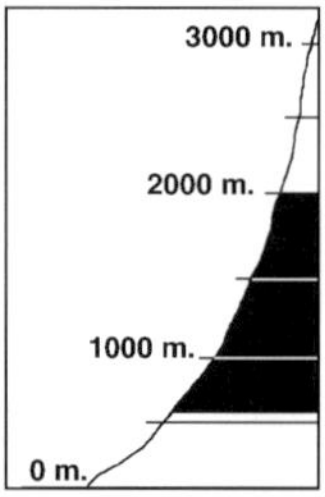

Inga longispica

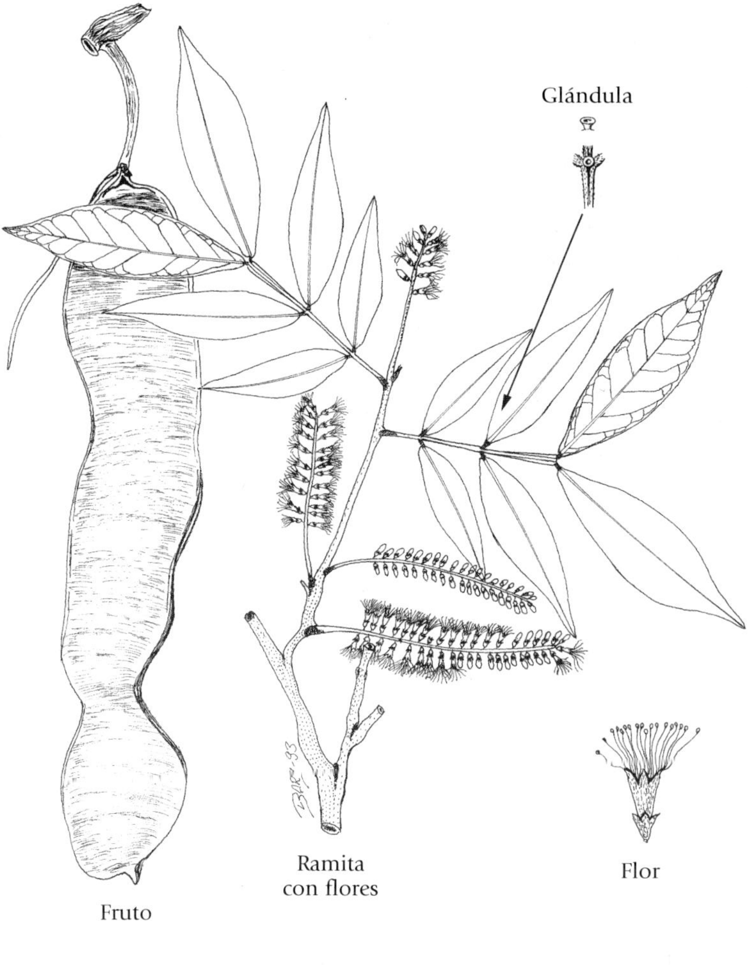

Inga marginata

CUAJINIQUIL NEGRO

DESCRIPCIÓN BOTÁNICA: Árbol hasta 20 m; ramitas glabras y lenticeladas; estípulas hasta 5 mm de largo. Hojas con 2(-3) pares de folíolos, elípticos a falciformes, ápice agudo a largo-acuminado, glabros y lustrosos en el haz, el par distal 7-14 x 2,5-5 cm, el par basal 4-9 x 1,5-4 cm, raquis estrecho-alado o no alado, glándulas interfoliolares sésiles; pecíolo alado. Inflorescencias en espigas, pedúnculo 0,5-3 cm de largo, raquis floral 4-11 cm de largo. Flores con el cáliz de 1 mm de largo; corola 3 mm de largo. Frutos subcilíndricos o aplanados, hasta 14 x 1,5-1,8 cm, glabros, constrictos entre las semillas e inflados a la altura de éstas.

DIAGNÓSTICO: Se reconoce por sus hojas con el pecíolo y el raquis muy levemente alados, la inflorescencia con el raquis floral más largo que el pedúnculo y los frutos inflados. Muy raras veces con el raquis no alado o con 3 pares de folíolos. Esto se observa principalmente cuando crece arriba de los 1.000 m y es cuando se puede confundir fácilmente con *I. longispica*.

DISTRIBUCIÓN: De México al norte de Argentina y Paraguay. En Costa Rica ampliamente distribuida. Elevación 0-1.500 m.

FENOLOGÍA: Flores y frutos observados casi durante todo el año. Las hojas jóvenes son de color pardo rojizo o verde pálido.

HÁBITAT: Se ha observado a orillas de caminos, bordes de bosque, vegetación secundaria, y generalmente como especie riparia. En climas húmedos a muy húmedos.

USOS: La copa densa, sus tonos y la floración abundante la hacen una excelente especie para fines ornamentales. También como fuente de leña. Es muy apreciada en los bioterios de la

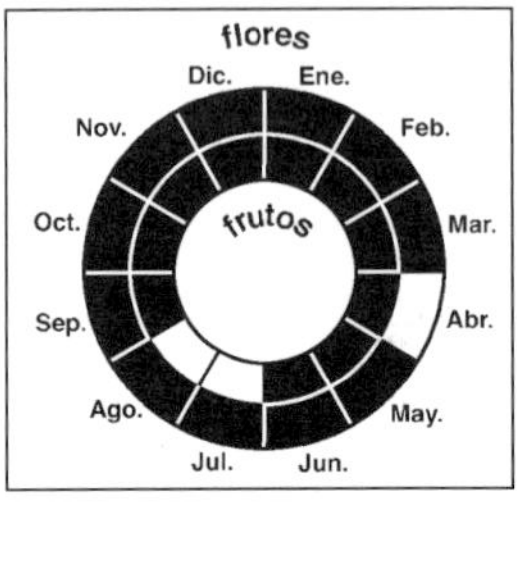

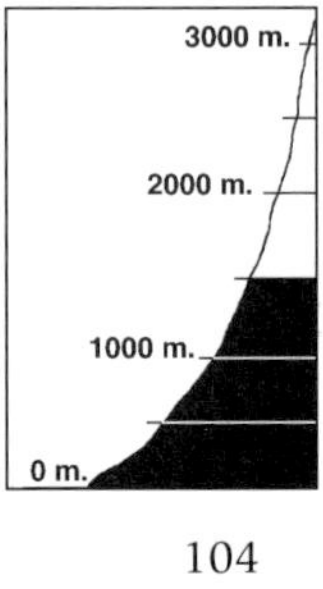

Inga marginata

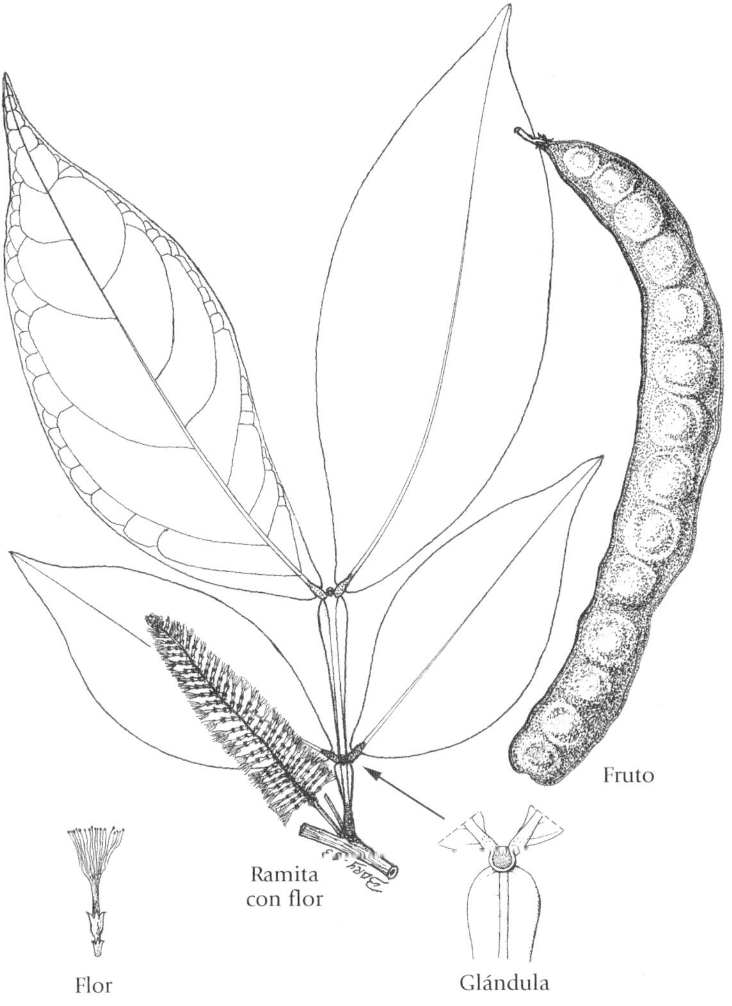

mariposa *Morpho cypris*, ya que es una de las especies preferidas por esa espectacular mariposa para poner sus huevecillos, dado que las larvas se alimentan ávidamente de sus hojas.

Inga micheliana

SIN. *I. hintonii* SANDW.

DESCRIPCIÓN BOTÁNICA: Árbol hasta 12 m; ramitas densamente ferrugíneo-pubescentes y lenticeladas; estípulas hasta 3 mm de largo, deciduas. Hojas con 3-4(-5) pares de folíolos, elípticos a ovados, ápice obtuso, glabros o pubescentes en el envés, el par distal 3-10(-15) x 1,5-5 cm , el par basal 1,5-5,5 x 1-3 cm; raquis alado, glándulas interfoliolares sésiles o corto-estipitadas; pecíolo cilíndrico o alado. Inflorescencias en espigas, pedúnculo 2-3,5 cm de largo, raquis floral 1,5-3 cm de largo. Flores con el cáliz de 3-5 mm de largo; corola 5-6 mm de largo. Frutos aplanados, 4-14 x 1,5-2,5 cm, ferrugíneo-pubescentes.
DIAGNÓSTICO: Puede confundirse con *I. densiflora*, pero en esta última las brácteas (4-6 mm) y la corola son más grandes, además los frutos son glabros o casi glabros y más anchos.
DISTRIBUCIÓN: De México a Panamá. En Costa Rica en la Cordillera de Tilarán, Cordillera Central, serranías del Valle Central, Fila Costeña y Cordillera de Talamanca. Elevación 1.200-2.000 m.
FENOLOGÍA: Flores observadas en enero, febrero, marzo, abril, setiembre, octubre, noviembre y diciembre. Frutos en marzo, abril, mayo y setiembre.
HÁBITAT: Se observa en bordes de bosque, orillas de caminos, vegetación secundaria y primaria. Principalmente en climas nubosos.
USOS: Para leña.

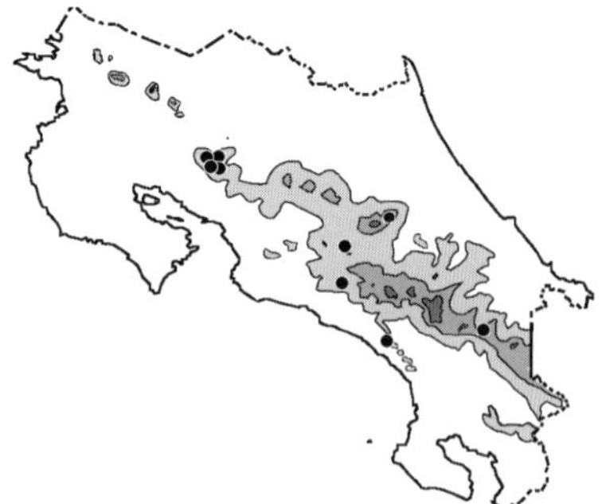

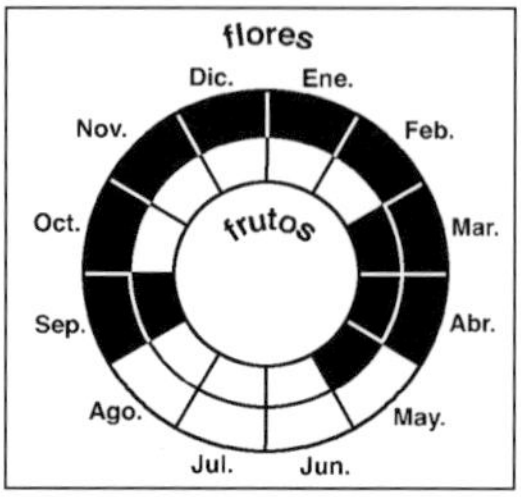

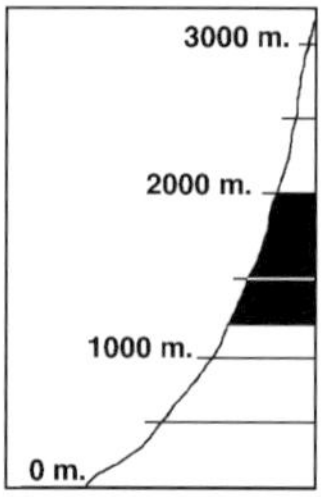

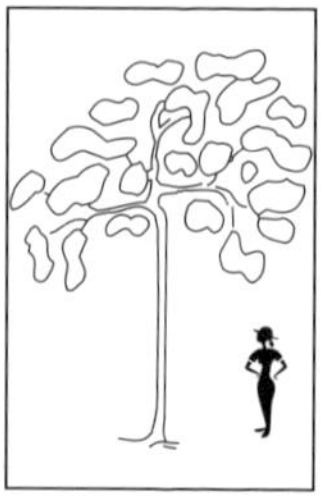

Inga micheliana

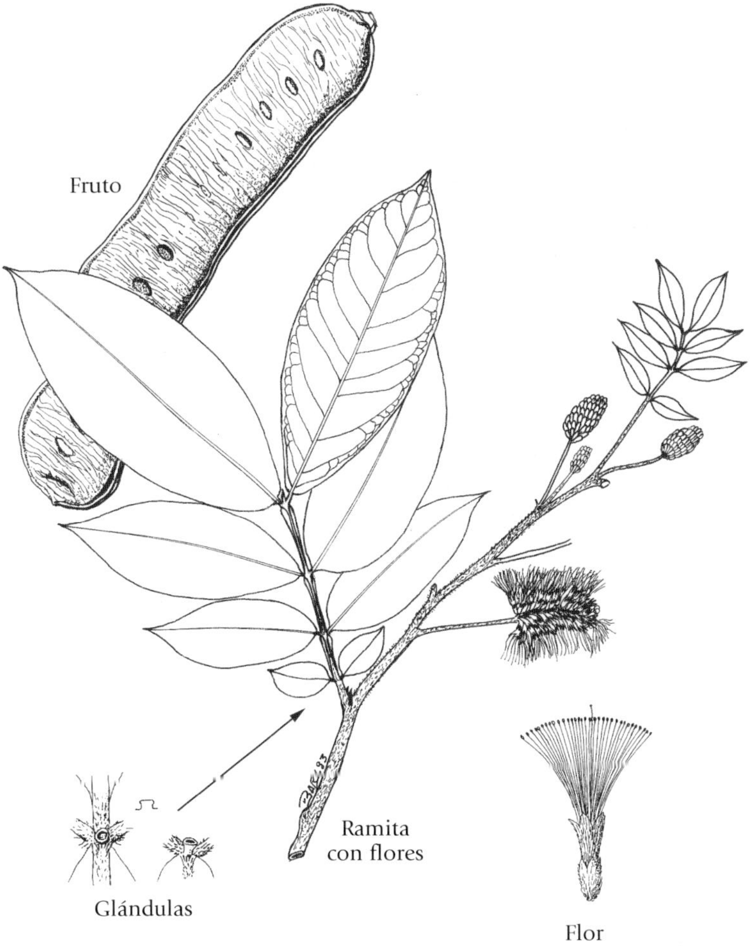

Inga mortoniana

GUABA MARÍA

DESCRIPCIÓN BOTÁNICA: Árbol 5-15 m; ramitas glabras y lenticeladas; estípulas hasta 7 mm de largo, deciduas. Hojas con 3(-4) pares de folíolos, elípticos a lanceolado-elípticos, ápice agudo a acuminado, glabros y reticulados, el par distal 9-17 x 4-6 cm, el par basal 4,5-9 x 2,5-4 cm; raquis cilíndrico, glándulas interfoliolares sésiles; pecíolo cilíndrico. Inflorescencias capítulos, pedúnculo 4-7,5 cm de largo, raquis floral globoso 2 cm de diámetro. Flores sésiles; cáliz 5-7 mm de largo; corola 9-11 mm de largo. Frutos aplanados, 12-23,5 x 3,5-5 x 0,8 cm, glabros y con estrías transversales.

DIAGNÓSTICO: Se reconoce por su inflorescencia capitulada sobre un pedúnculo largo, los folíolos glabros, lustrosos y reticulados, y el tamaño de los frutos. Relacionada con *I. acrocephala*, pero ésta se distribuye sólo en la parte suroeste del país y tiene flores relativamente más pequeñas. Se puede confundir con *I. punctata*, pero ésta tiene una pubescencia serícea grisácea muy corta y frutos más estrechos. Algunos especímenes provenientes de la región norte y la zona de Limón han sido identificados bajo esta especie, debido a que sus características de flores y frutos reflejan sólo leves diferencias con la especie típica.

DISTRIBUCIÓN: Costa Rica y Colombia. En Costa Rica conocida principalmente de las cordilleras de Guanacaste, Tilarán y Central. Elevación (100-)1.000-1.700 m.

FENOLOGÍA: Flores observadas casi durante todo el año. Frutos en febrero, marzo, abril, mayo, julio, setiembre y octubre.

HÁBITAT: Se observa a orillas de bosques, caminos, potreros, vegetación secundaria y primaria. Principalmente en climas montanos.

USOS: Para leña. Frutos comestibles.

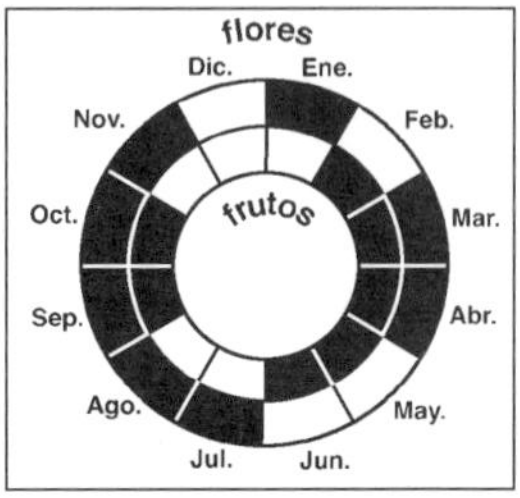

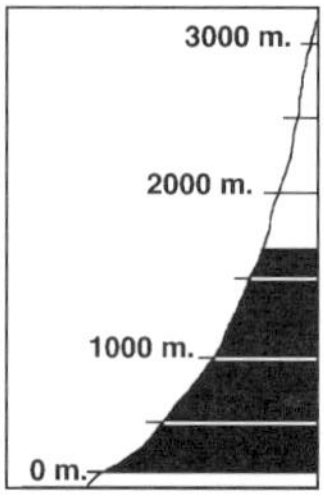

Inga mortoniana

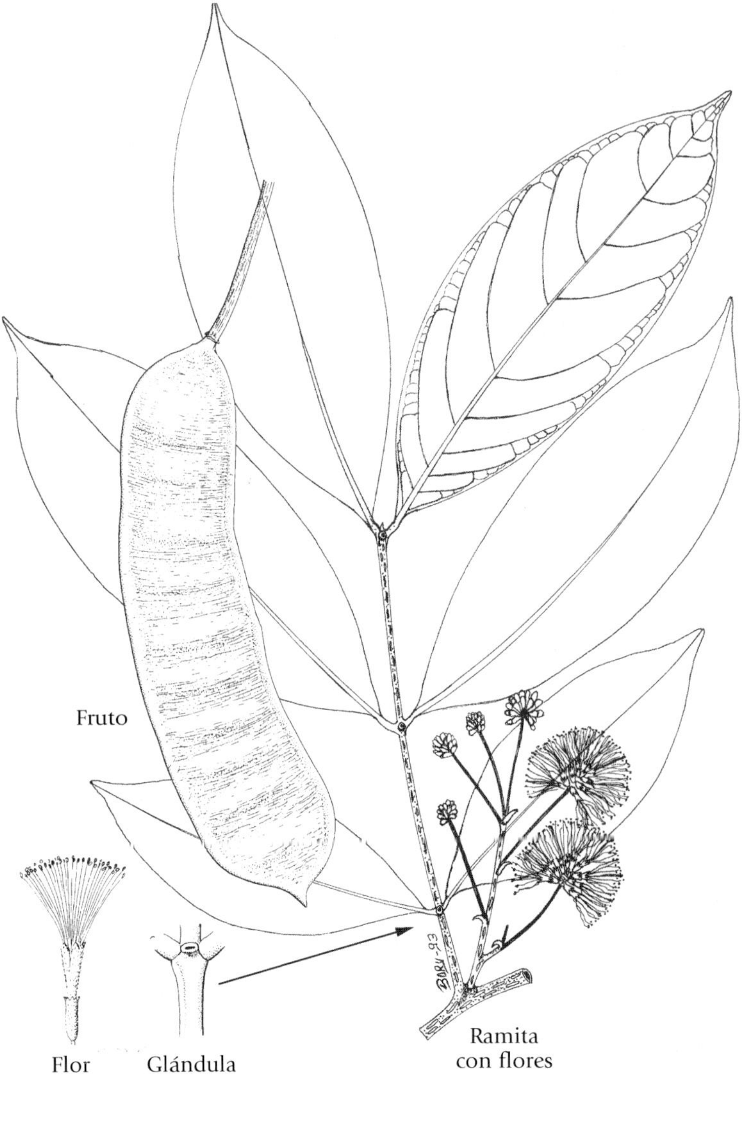

Inga multijuga

GUABA DE ESTERO

DESCRIPCIÓN BOTÁNICA: Árbol 5-15 m; ramitas densamente ferrugíneo-tomentosas y lenticeladas; estípulas hasta 3 mm de largo, deciduas. Hojas con (5-)7-10(-13) pares de folíolos, oblongos a lanceolados, ápice redondeado, obtuso o acuminado, ferrugíneo-pubescentes en el envés, el par distal 7-14 x 3-5 cm, el par basal 2,5-9 x 1,5-4,5 cm; raquis cilíndrico, glándulas interfoliolares sésiles; pecíolo cilíndrico. Inflorescencias en espigas, pedúnculo 1,5-5,5 cm de largo, raquis floral 1,5-2 cm de largo. Flores con el cáliz de 7-10 mm de largo; corola 12-25 mm de largo. Frutos aplanados, 15-19 x 1,5-3 cm, pardo rojizos y lustrosos.

DIAGNÓSTICO: Generalmente se confunde con *I. thibaudiana* pero, a diferencia de ésta, la flor tiene el cáliz más largo y las hojas mayor número de folíolos, con una pubescencia de pelos curvos. *I. aestuariorum* se considera sólo como subespecie y se caracteriza por tener menor número de folíolos y flores más cortas. Además *I. multijuga* se distribuye en zonas costeras, incluyendo manglares.

DISTRIBUCIÓN: De México a Venezuela y Ecuador. En Costa Rica al noreste de la vertiente Atlántica y al suroeste de la vertiente Pacífica. Elevación 0-600 m.

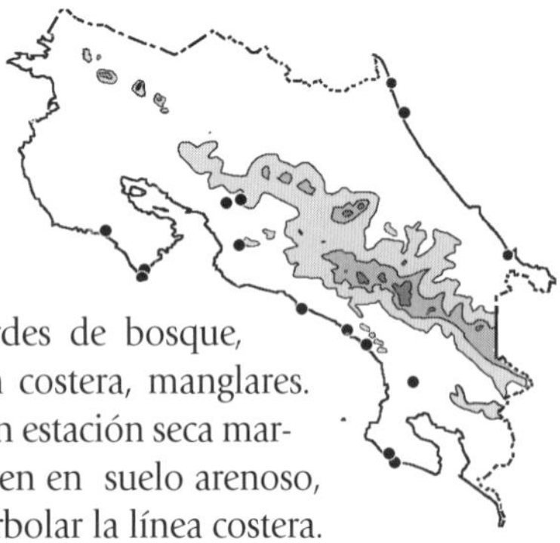

FENOLOGÍA: Flores observadas en enero, febrero, marzo, abril, mayo, julio, octubre y diciembre. Frutos en enero, marzo, junio, julio y agosto.

HÁBITAT: Áreas abiertas, caminos, bordes de bosque, ríos, vegetación secundaria, vegetación costera, manglares. En climas húmedos a muy húmedos con estación seca marcada. La especie se reproduce y crece bien en suelo arenoso, por lo cual es ideal para embellecer y arbolar la línea costera.

USOS: Para leña y sombra en sitios costeros.

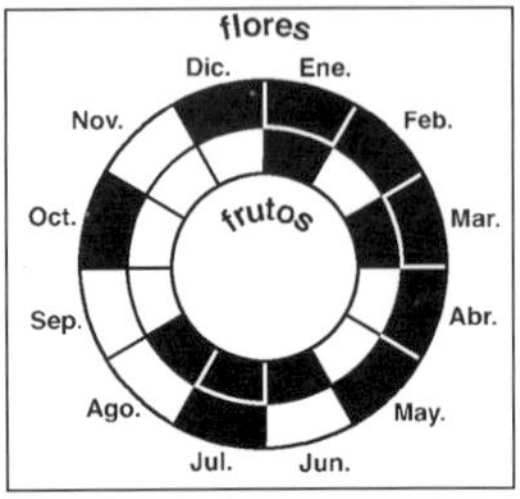

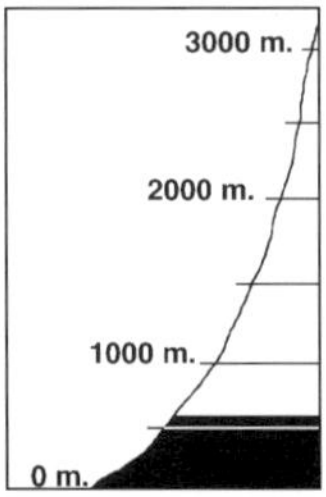

Inga multijuga

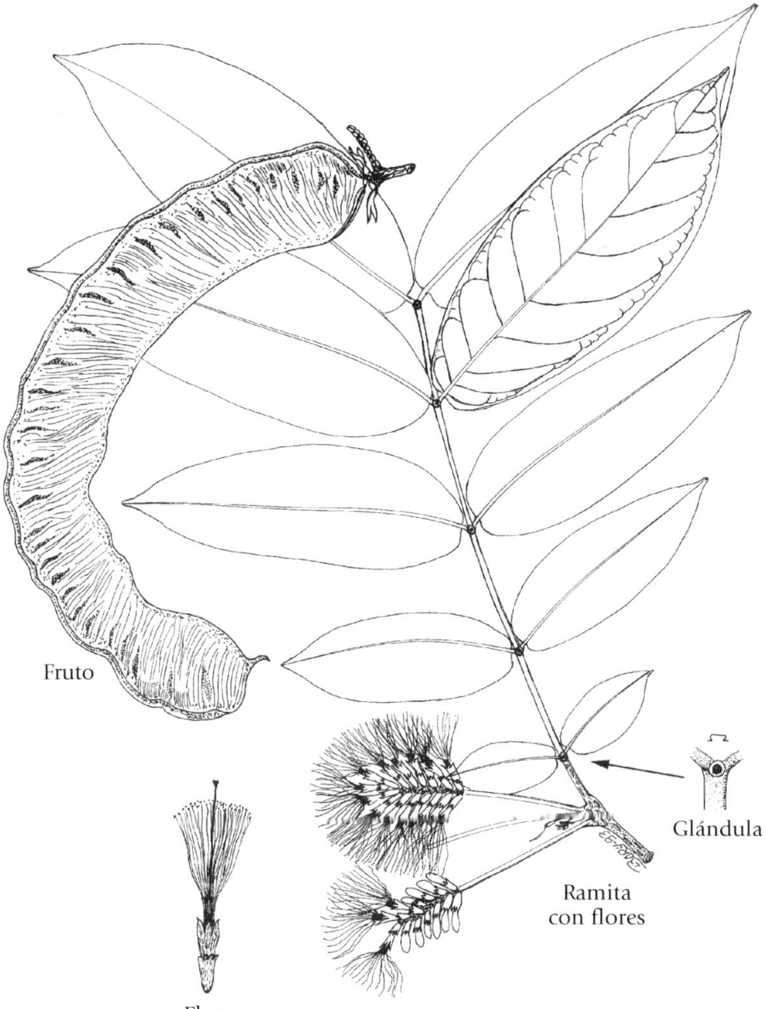

Inga nobilis

SIN. *I. quaternata* POEPPIG

DESCRIPCIÓN BOTÁNICA: Árbol hasta 15 m; ramitas con pubescencia ferrugínea tomentosa a glabrecentes; estípulas 7-8 mm de largo, lanceoladas. Hojas con 3-4 pares de folíolos, oblanceolados a ovados, ápice agudo o redondeado, glabros o ferrugíneo-pubescentes en el envés, el par distal 7-21 x 3-7 cm, el par basal 3-10 x 1,5-3,5 cm; raquis cilíndrico, glándulas interfoliolares sésiles y cónicas; pecíolo cilíndrico. Inflorescencias umbelas, pedúnculo 1,5-5 cm de largo, ferrugíneo-pubescente, raquis floral 1-2 cm de diámetro. Flores sésiles o con pedicelos hasta de 18 mm de largo; cáliz 2-7 mm de largo; corola 5-11 mm de largo. Frutos aplanados, 3-18 x 2-3 x 1,5 cm, ferrugíneo-pubescentes.
DIAGNÓSTICO: Se reconoce por sus flores en umbelas, largo-pediceladas, y su pubescencia ferrugínea densa. Además los folíolos distales por lo general son obovados. En Costa Rica crece la subespecie *quaternata*, cuya distribución es amplia.
DISTRIBUCIÓN: De México a Colombia, norte de Venezuela, Puerto Rico y oeste de Suramérica. En Costa Rica amplia en ambas vertientes. Elevación 0-1.460 m.

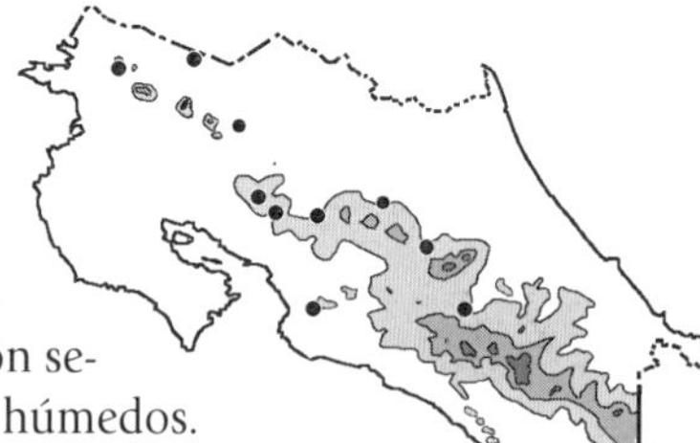

FENOLOGÍA: Flores observadas en febrero marzo, abril, junio, julio, agosto, octubre y noviembre. Frutos en febrero y noviembre.
HÁBITAT: Se observa a orillas de caminos, bordes de bosque, ríos, vegetación secundaria. En climas húmedos a muy húmedos.
USOS: Para leña. Además, como ornamental por su abundante floración.

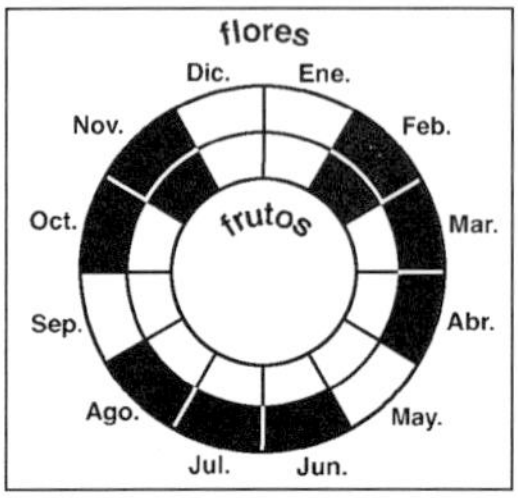

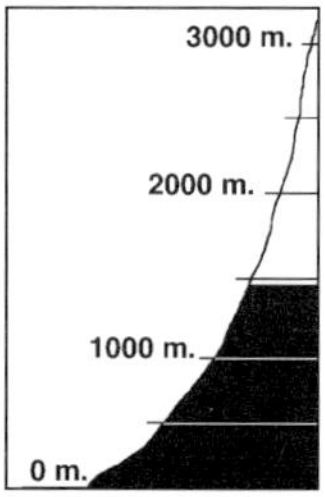

Inga nobilis

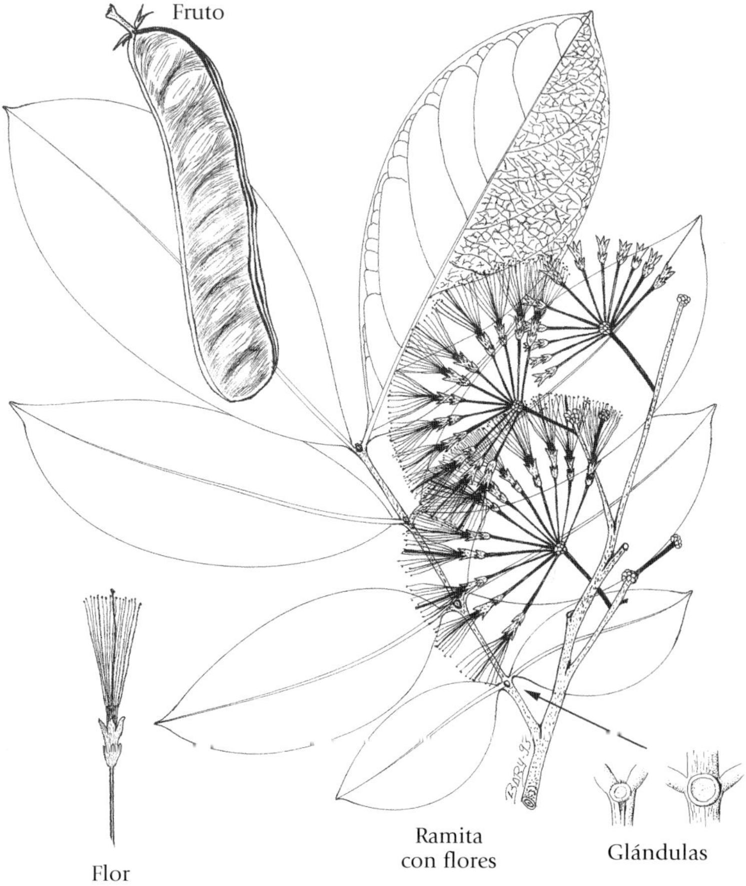

Inga oerstediana

CUAJINIQUIL PELUDO, GUABA PELUDA

DESCRIPCIÓN BOTÁNICA: Árbol 6-18 m; ramitas densamente ferrugíneo-tomentosas; estípulas hasta 3 mm de largo, deciduas. Hojas con 3-4 pares de folíolos, oblongos a obovados, ápice obtuso a redondeado o corto-acuminado, denso-ferrugíneo-pubescentes en el envés, el par distal 8-22 x 4-12 cm, el par basal 4-13 x 3-8 cm; raquis ancho-alado, glándulas interfoliolares sésiles y en forma de olla; pecíolo alado o ancho-alado o cilíndrico. Inflorescencias en espigas, pedúnculo 1-9 cm de largo, ferrugíneo-pubescente, raquis floral 1-4 cm de largo. Flores sésiles; cáliz 3-6 mm de largo; corola 9-15 mm de largo. Frutos cilíndricos, 8-24 x 1-2,5 cm, ferrugíneo-pubescentes.

DIAGNÓSTICO: Muy relacionada con *I. edulis*, de la cual difiere en sus flores relativamente más pequeñas, las hojas en general con 3-4 pares de folíolos. En ocasiones se observa que los árboles de elevaciones entre 1.300-2.050 m tienen hojas con el raquis y el pecíolo cilíndricos. Las raíces son parasitadas por la planta *Prosopanche costaricensis* (Hydnoraceae) (ver fotos 72 y 73) y sería muy interesante estudiar más esta relación simbiótica.

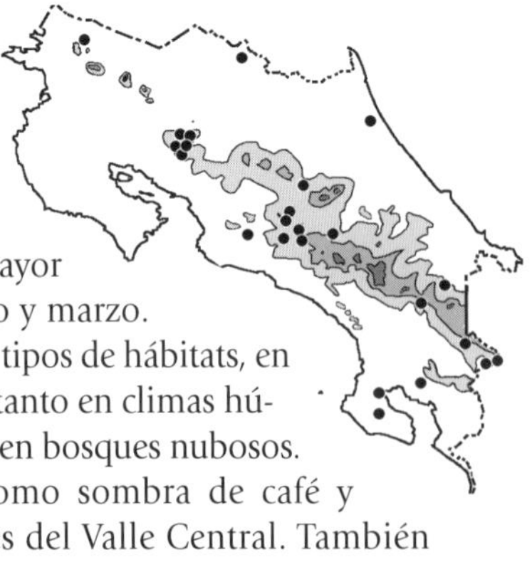

DISTRIBUCIÓN: De México a Venezuela, las Antillas Menores y desde el oeste de Suramérica hasta Bolivia. En Costa Rica ampliamente distribuida. Elevación 0-2.050 m, pero más frecuente por encima de 600 m.

FENOLOGÍA: Flores observadas la mayor parte del año. Frutos en enero, febrero y marzo.

HÁBITAT: Se observa en una variedad de tipos de hábitats, en especial áreas abiertas con mucha luz; tanto en climas húmedos como muy húmedos, así como en bosques nubosos.

USOS: Tradicionalmente utilizada como sombra de café y aún está presente en algunos cafetales del Valle Central. También

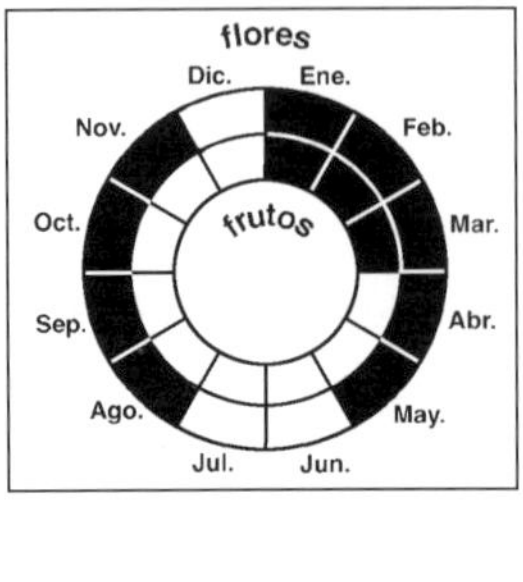

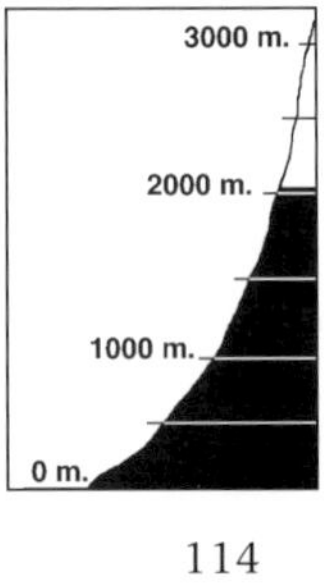

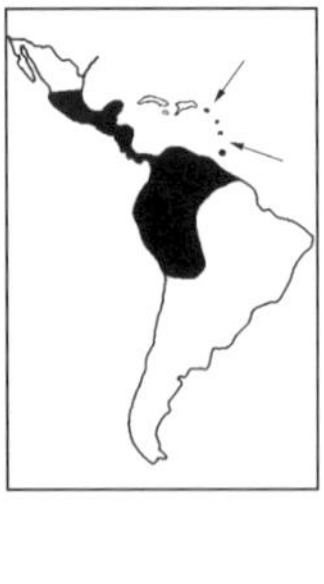

Inga oerstediana

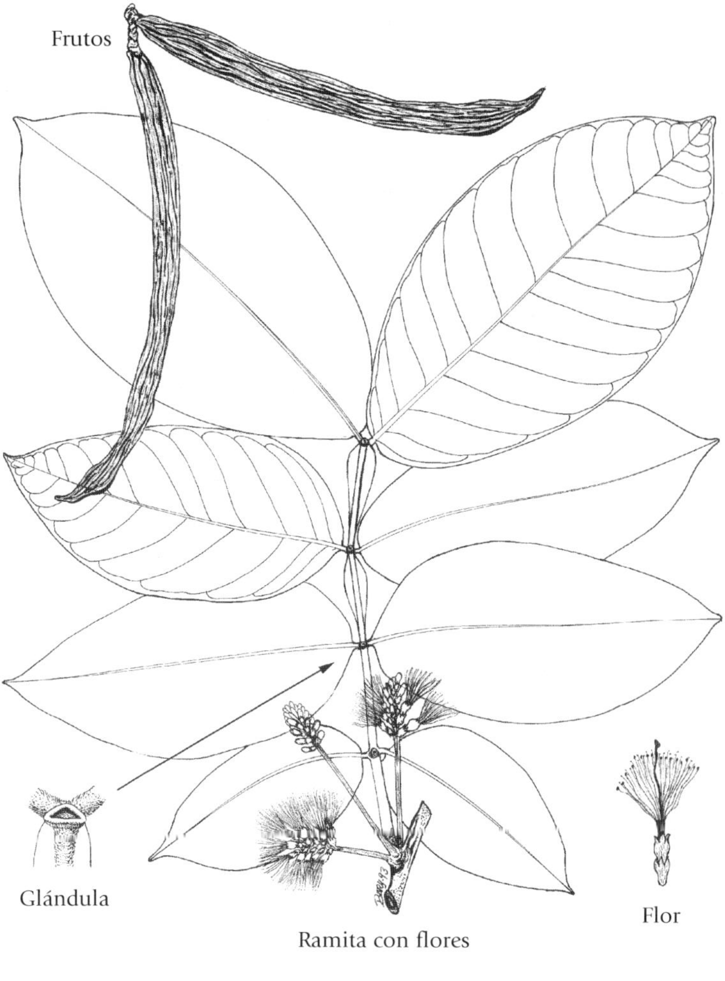

ha sido fuente importante de leña en áreas rurales. Tiene potencial para sistemas agroforestales o agronómicos, por su rápido crecimiento y follaje abundante.

Descripción botánica: Árbol hasta 40 m; ramitas conspicuamente lenticeladas y ennegrecidas; estípulas hasta 6 mm de largo, deciduas. Hojas con (3-)4-5 pares de folíolos, elípticos a lanceolado-elípticos, ápice largo-acuminado, glabros y lustrosos en la haz, el par distal 12-18 x 4-7 cm, el par basal 7-9 x 3-4 cm; raquis no alado, glándulas interfoliolares sésiles y en forma de olla; pecíolo cilíndrico. Inflorescencias en espigas, pedúnculo 2,5-4 cm de largo, raquis floral 1,5-3,5 cm de largo. Flores con el cáliz de 1,5-2 mm de largo; corola 5-6 mm de largo. Frutos aplanados 15-25 x 2,7-5 cm, glabros y estriados transversalmente, a menudo con verrugas a la altura de las semillas.

Diagnóstico: Se reconoce por sus ramitas muy lenticeladas, las glándulas en forma de olla u hongo (2 mm de ancho) y las espigas generalmente en grupos de 3 o más por axila. A menudo se confunde con *I. densiflora*, pero ésta tiene con frecuencia el raquis levemente alado y las glándulas más pequeñas; y con *I. samanensis*, pero ésta tiende a tener más pares de folíolos, el raquis estrechamente alado, con frecuencia es riparia y los frutos son blanquecino-escamosos.

Distribución: De Costa Rica a Venezuela, Guyanas, Amazonia brasileña y el Pacífico de Ecuador. En Costa Rica en la zona norte, la vertiente Atlántica y la parte suroeste de la vertiente del Pacífico. Elevación 0-700 m.

Fenología: Flores observadas en abril, mayo, junio, julio y noviembre. Frutos en enero, febrero, marzo, abril y mayo.

Hábitat: Se observa a orillas de bosque, caminos, vegetación secundaria y primaria. Generalmente en climas muy húmedos.

Usos: Para leña.

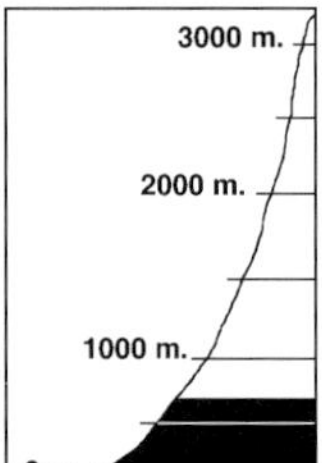

Inga pezizifera

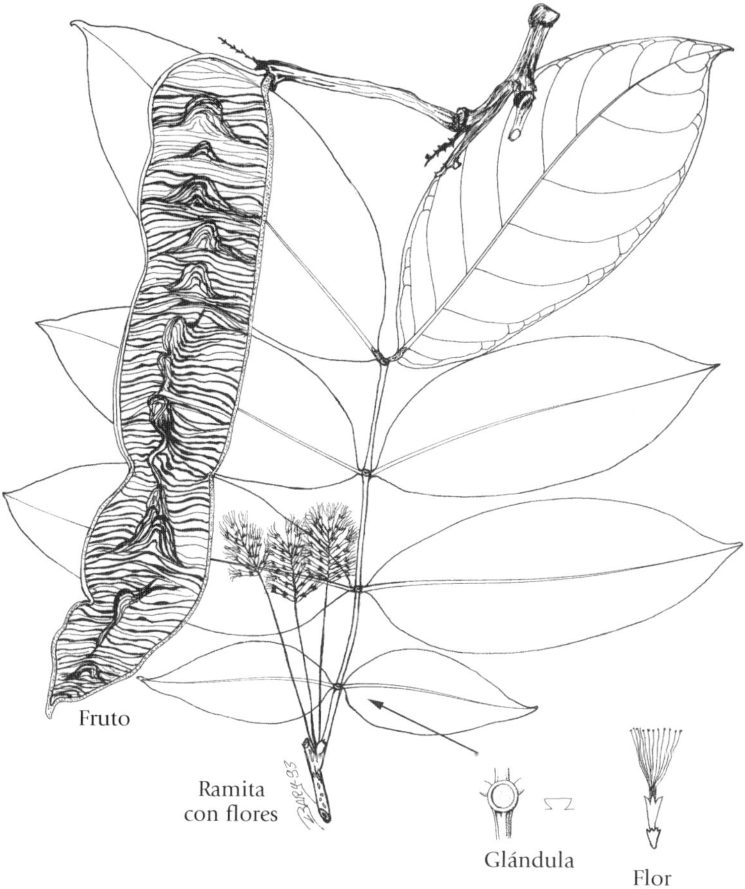

Inga polita

Descripción botánica: Árbol hasta 12 m, ramitas glabras; estípulas hasta 1,3 cm, lineares a linear-lanceoladas. Hojas con 1(-2) pares de folíolos, elípticos a anchamente elípticos (u ovados), ápice acuminado, glabros y lustrosos, (4,5-)6-11,5 x (1,5-)2,6-4,5(-5) cm; raquis levemente alado o no alado, glándulas interfoliolares sésiles y urceoladas; pecíolo levemente alado. Inflorescencias umbelas, pedúnculo hasta 1 cm de largo. Flores pediceladas (6-10 mm), cáliz 3,5-4 mm de largo, corola 8-9 mm de largo. Frutos aplanados, 9 x 1,8-2 cm, glabros.
Diagnóstico: Se reconoce por sus hojas con 1 par de folíolos, el pecíolo levemente alado debajo de la unión de los folíolos. Inflorescencias con pedúnculo muy corto, raquis floral (capítulo) con brácteas lanceoladas o lineares, hasta 9 mm de largo y persistentes. Podría ser confundida con *I. sertulifera*.
Distribución: Costa Rica y Panamá hasta el Pacífico de Colombia. En Costa Rica en la vertiente del Pacífico, hasta el momento conocida sólo de la Península de Osa (Puntarenas). Elevación 100-200 m.
Fenología: Flores observadas en enero, febrero, octubre, noviembre y diciembre. Frutos en abril.
Hábitat: Se observa a orillas de bosque, vegetación secundaria y primaria. En climas muy húmedos.
Usos: Para leña.

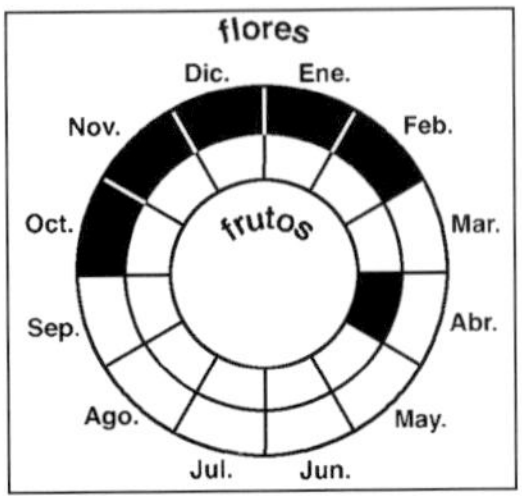

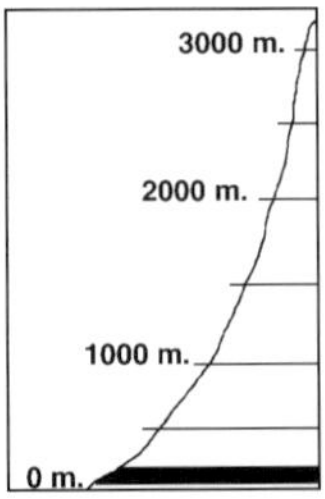

Inga polita

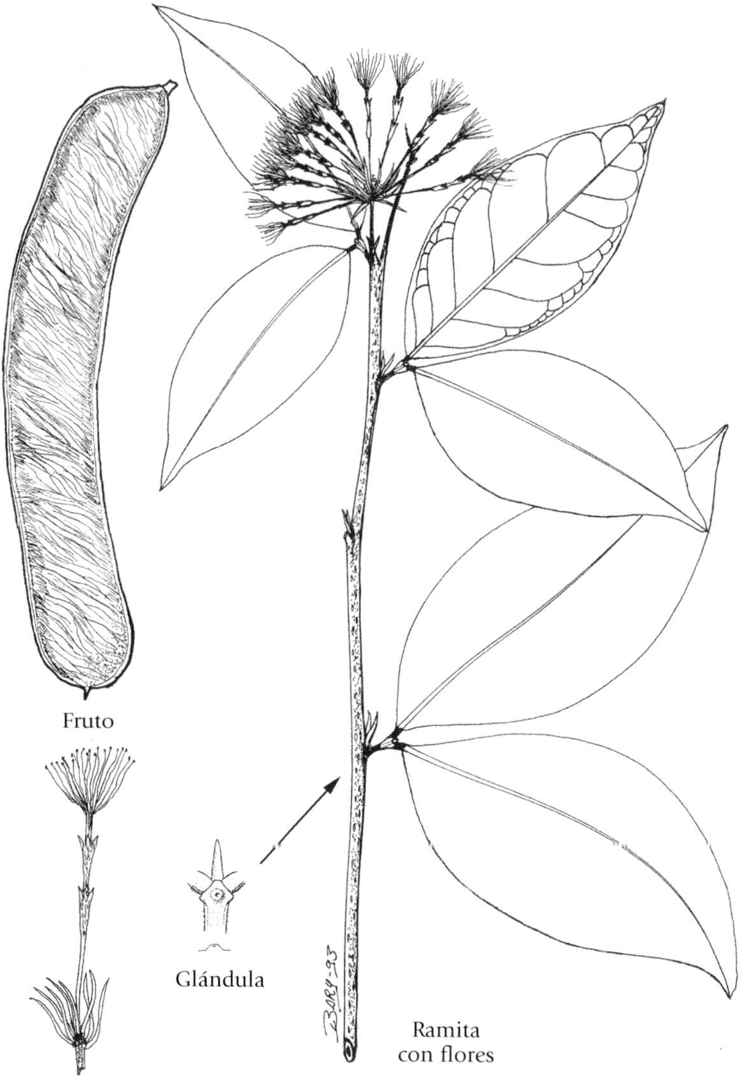

Inga punctata

CUAJINIQUIL, JUANIQUIL, GUABA

DESCRIPCIÓN BOTÁNICA: Árbol 4-10(-15) m; ramitas glabras, estrigosas o ferrugíneo-puberulentas y muy lenticeladas; estípulas hasta 8 mm de largo, deciduas. Hojas con 2-3(-4) pares de folíolos, elípticos a lanceolados, ápice obtuso, agudo o acuminado, glabros, seríceo-grisáceos, el par distal 6-17 x (1,7-)3-7 cm, el par basal 3-11 x 1-5 cm; raquis cilíndrico, glándulas interfoliolares sésiles y urceoladas; pecíolo cilíndrico. Inflorescencias subcapitulada o espigas, pedúnculo 1,5-6 cm de largo, seríceo, raquis floral 0,5-1(-3) cm de largo. Flores con el cáliz de 3-5 mm de largo; corola 4-10 mm de largo. Frutos aplanados, 4-20 x 1-2,8 cm, glabros o estrigosos.

DIAGNÓSTICO: Se reconoce por sus hojas generalmente con 3 pares de folíolos (hojas con 4 pares y folíolos muy estrechos se observan generalmente en individuos de la Cordillera de Tilarán y la Cordillera de Guanacaste), el raquis cilíndrico (en ocasiones las glándulas casi ausentes) y una pubescencia serícea diminuta. Vegetativamente es fácil de confundir con *I. mortoniana* y se requieren flores o frutos para separarlas. A menudo las inflorescencias se observan infestadas por el hongo llamado Escoba de bruja, que causa una malformación y no permite el desarrollo de las flores (ver fotos 84 y 85).

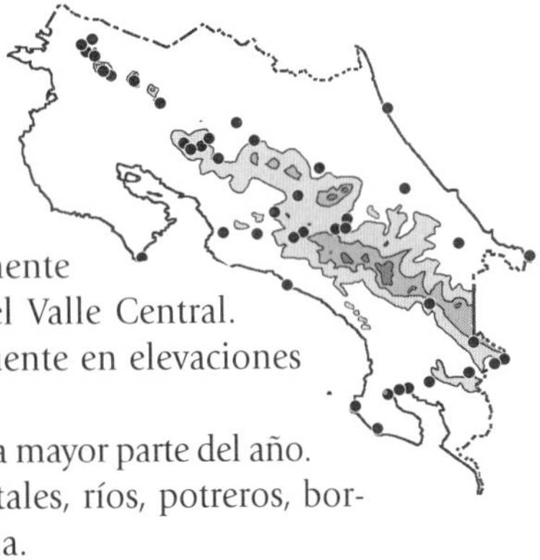

DISTRIBUCIÓN: De México a Suramérica y Cuba. En Costa Rica ampliamente distribuida, pero más frecuente en el Valle Central. Elevación 0-2.000 m, pero más frecuente en elevaciones de intermedias a altas.

FENOLOGÍA: Flores y frutos observados la mayor parte del año.

HÁBITAT: Se observa en caminos, cafetales, ríos, potreros, bordes de bosque y vegetación secundaria.

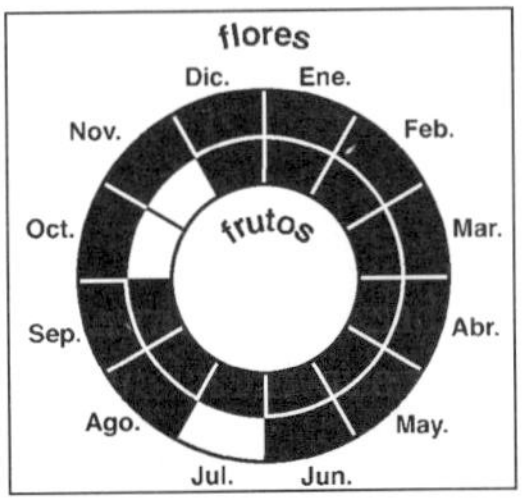

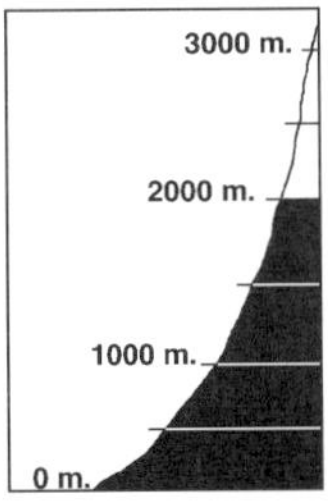

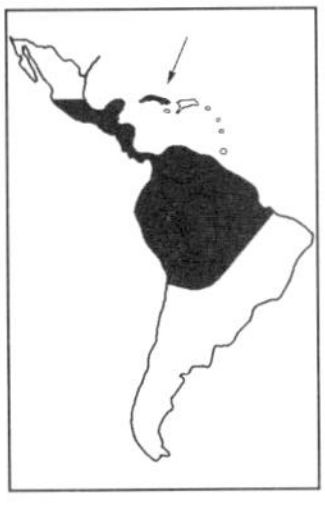

Inga punctata

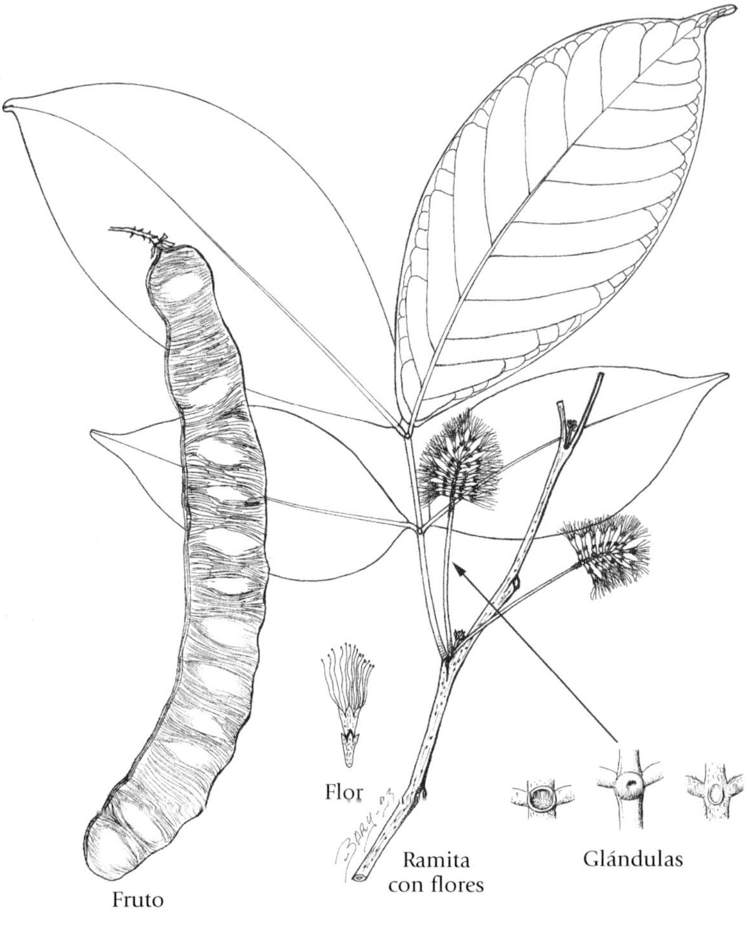

Usos: Es una de las especies más comunes en los cafetales del Valle Central como árbol de sombra; se utiliza para leña por el alto poder calorífico de su madera.

Inga ruiziana

Descripción botánica: Árbol 6-25 m; ramitas con una pubescencia ferrugínea diminuta, lenticeladas; estípulas hasta 5 mm de largo, deciduas. Hojas con (4-)6-7(-8) pares de folíolos generalmente pendulosos, obovados a ovados, ápice agudo a acuminado, glabros o puberulentos en el envés, el par terminal 15-34 x 5-12 cm, el par basal 3-6 x 3-4 cm; raquis no alado, glándulas interfoliolares sésiles y forma de copa; pecíolo cilíndrico o cuadrangular. Inflorescencias en espigas, pedúnculo 2-4 cm de largo, ferrugíneo-pubescente, raquis floral 1-1,5 cm de largo. Flores con el cáliz de 3-5 mm de largo; corola 7-9 mm de largo. Frutos aplanados, 8-16 x 2-4 cm, algo curvados.

Diagnóstico: Se reconoce por los folíolos generalmente pendulosos y la forma obovada y el gran tamaño del par terminal de éstos, así como por su hábitat ripario.

Distribución: De Nicaragua al suroeste de Suramérica y Bolivia. En Costa Rica en la vertiente Atlántica y parte suroeste de la zona norte, vertiente del Pacífico. Elevación 0-850 m.

Fenología: Flores y frutos observados la mayor parte del año.

Hábitat: Generalmente se observa como árbol ripario, aunque también en claros, potreros y orillas de caminos. En climas húmedos o muy húmedos.

Usos: Para leña; además como árbol de sombra en potreros y ríos. Por su atractivo follaje, vale la pena utilizarla como ornamental.

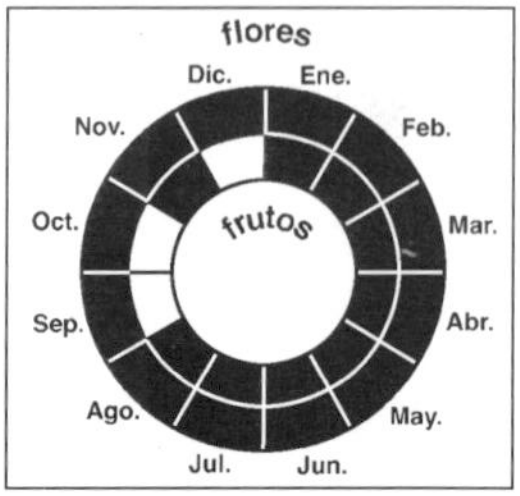

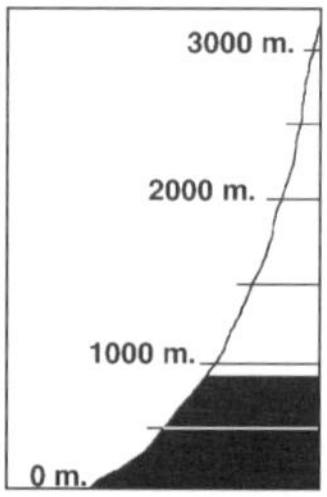

Inga ruiziana

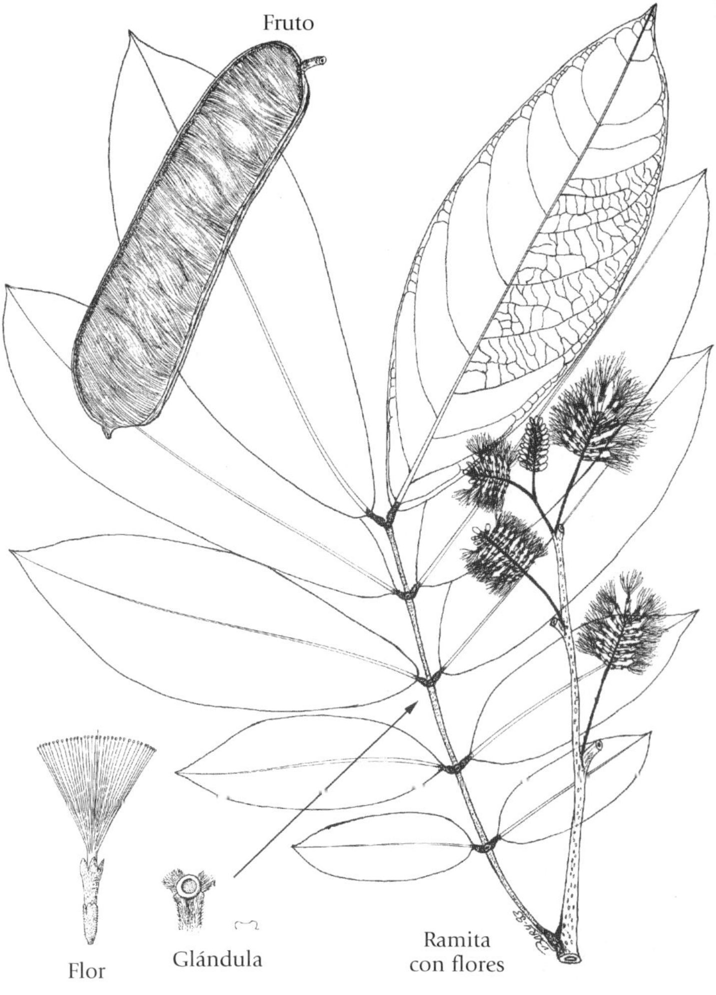

Inga samanensis

SIN. *I. squamigera* JORGE LEÓN

DESCRIPCIÓN BOTÁNICA: Árbol 8-15 m; ramitas subanguladas y lenticeladas; estípulas hasta 5 mm de largo, deciduas. Hojas con (4-)5-7 pares de folíolos, lanceolados a elípticos, ápice abrupto-acuminado, glabros, el par distal 11-16 x 4-6 cm, el par basal 5-9 x 2-3 cm; raquis muy estrecho-alado, glándulas interfoliolares sésiles y en forma de copa; pecíolo acanalado y muy levemente alado. Inflorescencias en espigas, pedúnculo 0,1-1 cm de largo, raquis floral 1,5-3 cm de largo. Flores con el cáliz de 2-3 mm de largo; corola 7-8 mm de largo. Frutos aplanados, 8-16 x 3-5 x 1,5-2 cm, conspicuamente blancuzcos por la cobertura densa de escamas.
DIAGNÓSTICO: Se reconoce por las hojas con el raquis muy estrecho-alado, folíolos asimétricos en la base, inflorescencias con un pedúnculo muy corto, flores pequeñas y frutos blanquecino-escamosos. Se puede confundir con *I. pezizifera*, pero ésta tiene menos pares de folíolos, el raquis no es alado y las glándulas son más grandes.
DISTRIBUCIÓN: De Nicaragua a Colombia. En Costa Rica principalmente en la zona norte y la vertiente Atlántica. Elevación 0-900 m.
FENOLOGÍA: Flores observadas en enero, febrero, mayo, julio y setiembre. Frutos en enero, febrero, marzo, abril, mayo y junio.
HÁBITAT: Generalmente se observa a lo largo de los ríos, aunque también a orillas de bosques, vegetación secundaria etc., por lo general en terrenos planos muy húmedos.
USOS: Para leña. Además se podría utilizar como árbol de sombra a lo largo de los ríos.

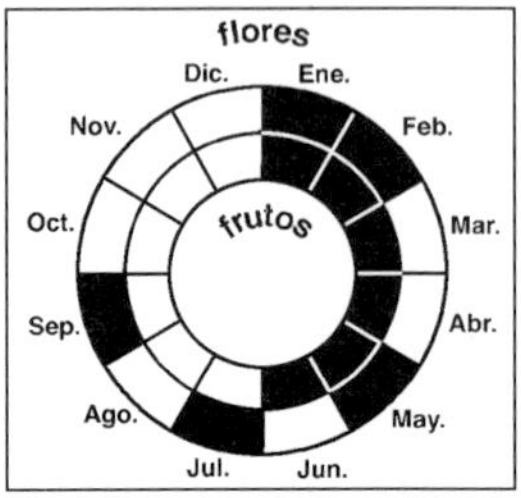

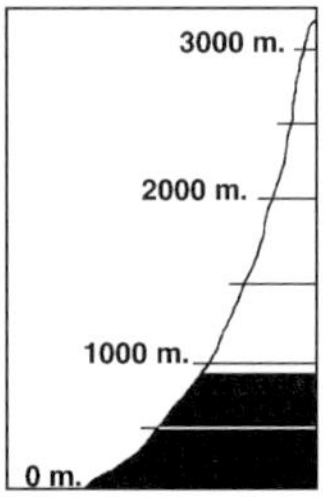

Inga samanensis

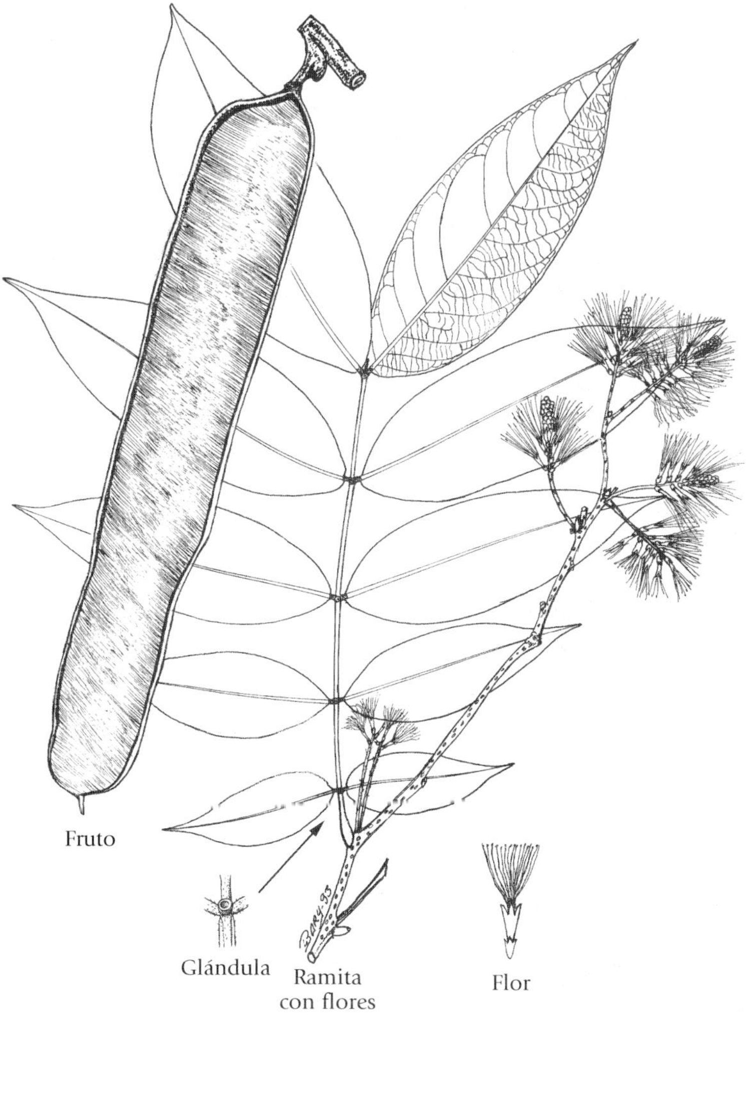

Inga sapindoides

GUABA CUADRADA

DESCRIPCIÓN BOTÁNICA: Árbol 6-16 m; ramitas ferrugíneo-pubescentes, lenticeladas y anguladas; estípulas 1-1,7 x 0,8-1 cm, persistentes, raras veces deciduas. Hojas con (2-)3-4(-5) pares de folíolos, elípticos a lanceolados, ápice obtuso a agudo, lustrosas en la haz, amarillo-pubescentes, el par distal 9-28 x 5-13 cm, el par basal 5-12 x 3-6 cm; raquis alado, glándulas interfoliolares sésiles a corto-estipitadas; pecíolo alado o cilíndrico. Inflorescencias en espigas, pedúnculo 1-6 cm de largo, raquis floral 2,5-4,5 cm de largo. Flores con el cáliz de 9-17 mm de largo; corola 18-30 cm de largo. Frutos cuadrangulares, 11-30 x 2-3 x 1,5-2,5 cm, glabros, amarillentos o verdosos.

DIAGNÓSTICO: Se reconoce por sus ramitas anguladas hacia el ápice, las estípulas por lo general persistentes, los folíolos lustrosos en el haz y a veces amarillentos; así como por el tamaño de las flores y frutos cuadrangulares, verdes, lisos y en posición vertical con relación a las ramitas.

DISTRIBUCIÓN: Del sur de México a Perú y el norte de Venezuela. En Costa Rica amplia en todo el país, sobre todo en elevaciones bajas con climas de húmedos a muy húmedos. Elevación 0-1.500 m.

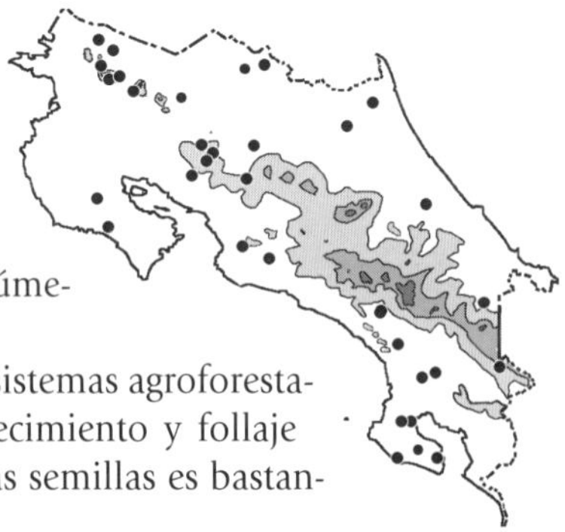

FENOLOGÍA: Flores y frutos observados la mayor parte del año.

HÁBITAT: Se observa a orillas de caminos, bordes de bosque, potreros, ríos y vegetación secundaria. En climas húmedos a muy húmedos.

USOS: Para leña. Se recomienda para sistemas agroforestales o agronómicos por su rápido crecimiento y follaje denso. La carnosidad que envuelve las semillas es bastante agradable.

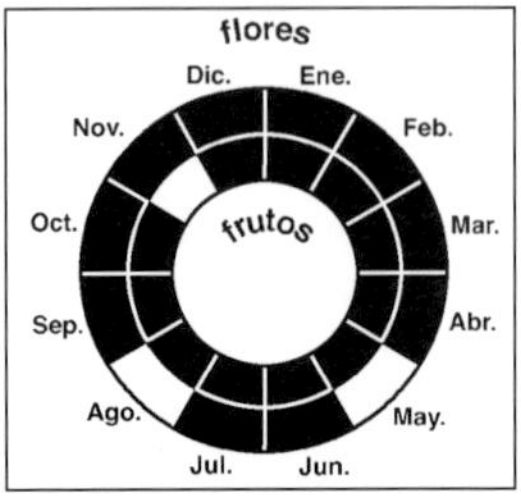

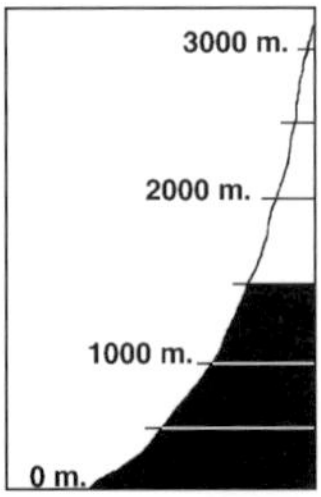

Inga sapindoides

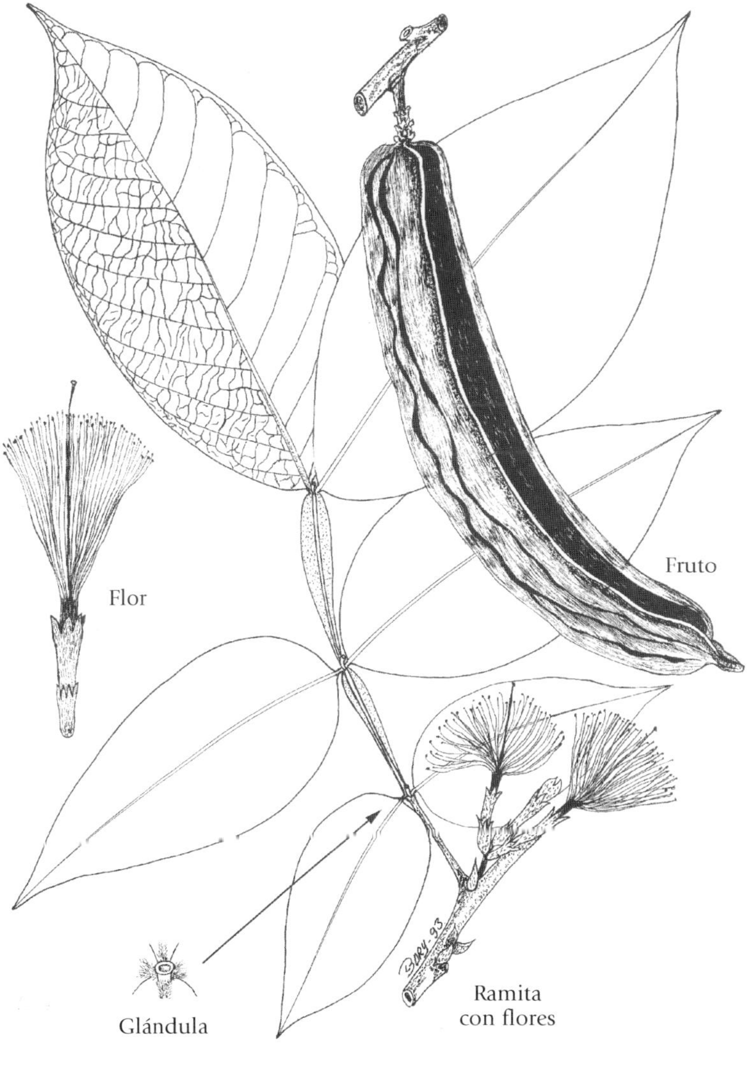

Descripción botánica: Árbol 5-18 m; ramitas glabras con pocas lenticelas; estípulas 2-5 mm de largo. Hojas con 1-2(-4) pares de folíolos, ovados a ancho-elípticos, ápice acuminado, glabros, el par distal 7,5-13,5 x 2,8-5 cm, el par basal (3,2)4,5-5,5(7) x (1,8)2,2-3(3,8) cm, raquis y pecíolo no alados, glándulas interfoliolares sésiles. Inflorescencias umbela, pedúnculo 1,1-4,5 cm de largo. Flores con pedicelos de 1,1-1,8 cm de largo, cáliz 3-3,5 mm de largo, corola 9-11 mm de largo. Frutos aplanados, 7-11 x 2-2,5 cm, glabros.

Diagnóstico: Se reconoce por sus hojas normalmente con 1-2 pares de folíolos, el raquis no alado y los folíolos pardo oscuro al secarse. Podría ser confundida con *I. polita*, pero ésta generalmente tiene sólo 1 par de folíolos.

Distribución: De Nicaragua a Perú y la Amazonia brasileña. En Costa Rica en la zona norte, la vertiente Atlántica y parte suroeste de la vertiente del Pacífico. Elevación 0-600 m.

Fenología: Flores observadas en junio, julio, agosto y setiembre. Frutos en enero, febrero, mayo, agosto, setiembre y octubre.

Hábitat: Es una especie de bosque primario o poco alterado y su abundancia es de rara a muy rara. En climas húmedos a muy húmedos.

Usos: Para leña. La madera es muy dura y con corteza arenosa.

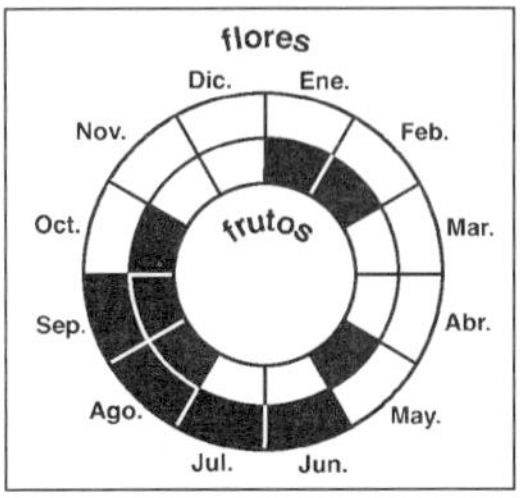

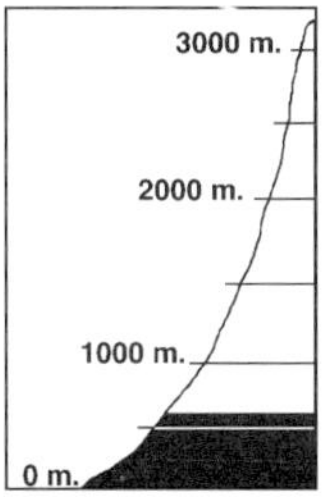

Inga sertulifera

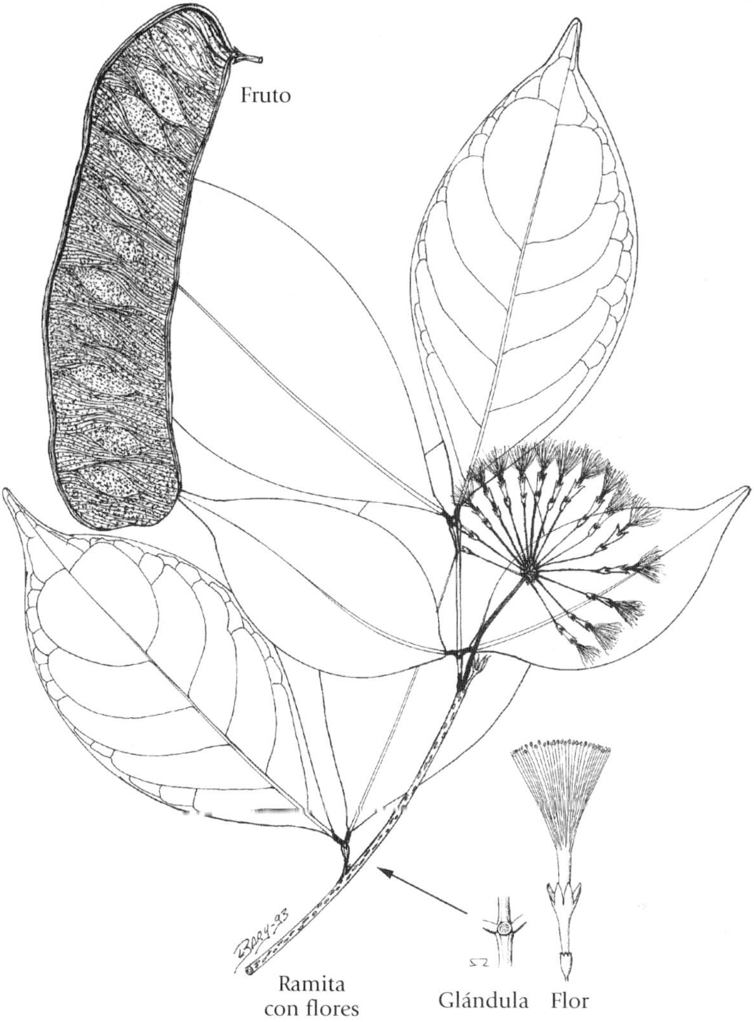

Inga sierrae

SIN. *I. brenesii* STANDL.
GUABO PELUDO

DESCRIPCIÓN BOTÁNICA: Árbol hasta 20 m; ramitas densamente ferrugíneo-pubescentes y con pequeñas lenticelas; estípulas 3-4 mm de largo, ovadas, persistentes o deciduas. Hojas con 3 pares de folíolos, obovados a elípticos, ápice redondeado u obtuso, lustrosos en el haz, pilosos en el envés, rígido-coriáceos y los márgenes revolutos, el par distal 9-13 x 4-8 cm, el par basal 5-7 x 2-3 cm, raquis ancho-alado o levemente alado, glándulas interfoliolares sésiles o casi sésiles; pecíolo alado o levemente alado. Inflorescencias en espigas, pedúnculo 2-4(15,5) cm de largo, con una pubescencia ferrugíneo-pilosa densa, raquis floral 1-2(-3) cm de largo. Flores con el cáliz de 9-12 mm de largo, corola 20-23 mm de largo, densamente ferrugíneo-pilosa. Frutos aplanados, hasta 21 x 6,2 x 0,8 cm, densamente híspido-ferrugíneos.

DIAGNÓSTICO: Muy distintiva por sus folíolos rígido-coriáceos, cóncavos, lustrosos en el haz; y sus flores congestionadas en el ápice de un pedúnculo rígido y más o menos leñoso.

DISTRIBUCIÓN: De Costa Rica a Colombia. En Costa Rica en la Cordillera de Tilarán, Cordillera Central y Cordillera de Talamanca. Elevación 1.200-1.700 m.

FENOLOGÍA: Flores observadas en enero, febrero, marzo, junio, setiembre, octubre y noviembre. Frutos en enero, febrero, marzo, abril, mayo, junio, julio y noviembre.

HÁBITAT: Se observa a orillas de caminos, potreros, bordes de bosque, vegetación secundaria y primaria. Generalmente en bosques nubosos.

USOS: Para leña. Además se puede usar en sistemas silvopastoriles.

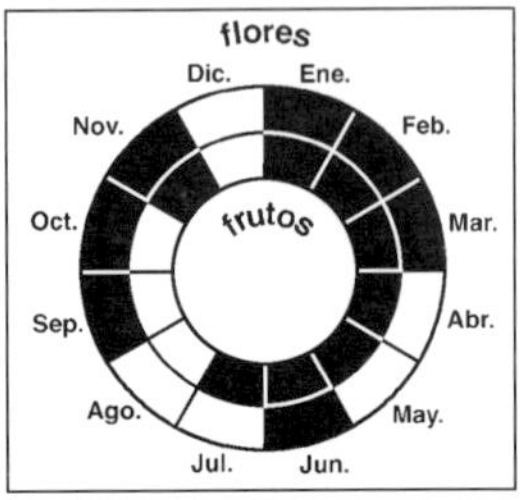

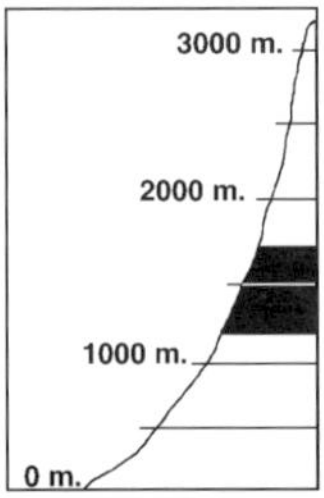

Inga sierrae

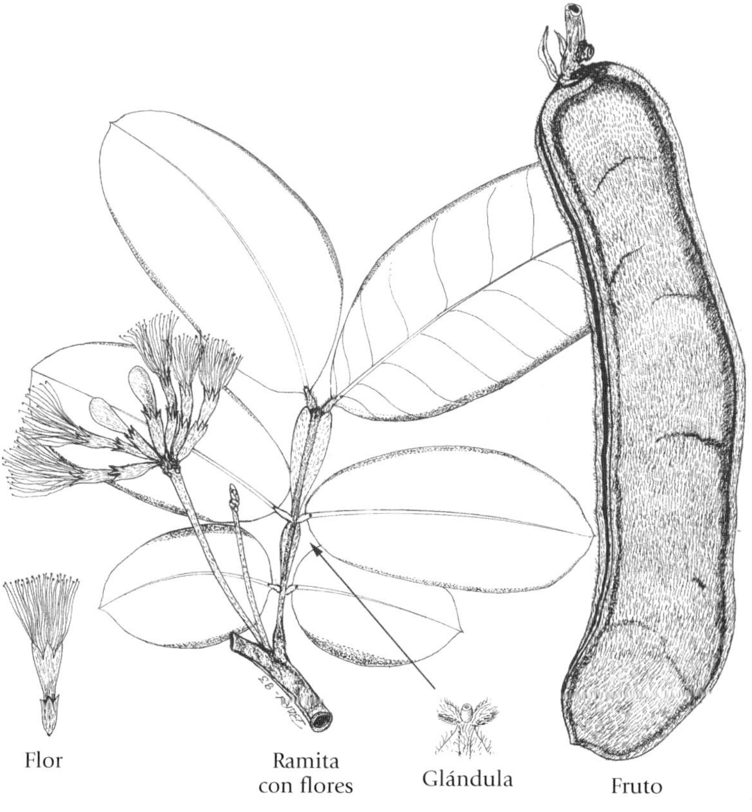

Inga skutchii

Descripción botánica: Árbol o arbusto 4-9 m; ramitas delgadas, densamente ferrugíneo-tomentosas; estípulas hasta 2 mm de largo, deciduas. Hojas con 6-8 pares de folíolos, elípticos a ovados, ápice obtuso, pubescentes en el envés, el par distal 4-7 x 1-2 cm, el par basal 2-3 x 1-1,5 cm; raquis cilíndrico, glándulas interfoliolares sésiles y cilíndricas; pecíolo cilíndrico. Inflorescencias en espigas, pedúnculo delgado, 3-4 cm de largo, tomentoso, raquis floral 5-7 cm de largo. Flores con el cáliz de 5-6 mm de largo; corola 15-18 mm de largo. Frutos aplanados, hasta 13 x 2,3 cm.
Diagnóstico: Es una especie muy distintiva por sus folíolos muy estrechos, el pecíolo y el raquis cilíndricos y la inflorescencia espigada péndula. Además, a veces ocupa el sotobosque u orillas del bosque.
Distribución: Endémica. Conocida desde el Valle del General hasta la Península de Osa (Puntarenas). Elevación 20-1.300 m.
Fenología: Flores observadas en enero, febrero, marzo y abril. Frutos en marzo, junio, julio, agosto, setiembre y noviembre.
Hábitat: Se ha observado a orillas de caminos, ríos, bordes de bosque y como parte del sotobosque en vegetación primaria. En climas de húmedos a muy húmedos.
Usos: Es una especie que se podría utilizar como ornamental por su porte pequeño y delicado y su fina apariencia, así como su inflorescencia alargada y caediza.

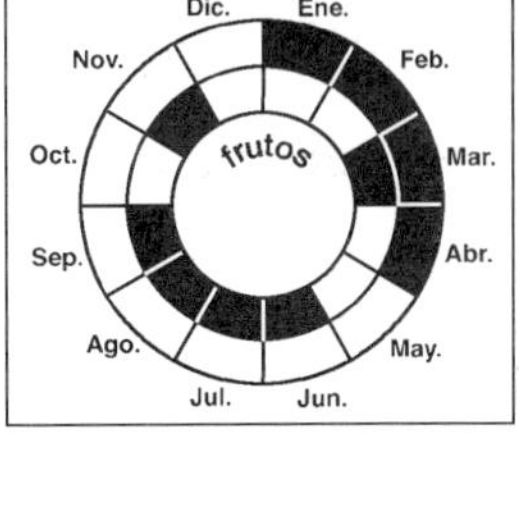

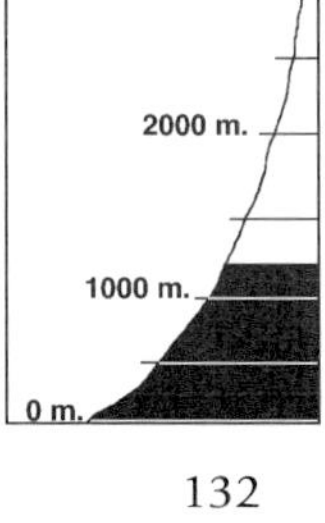

Inga skutchii

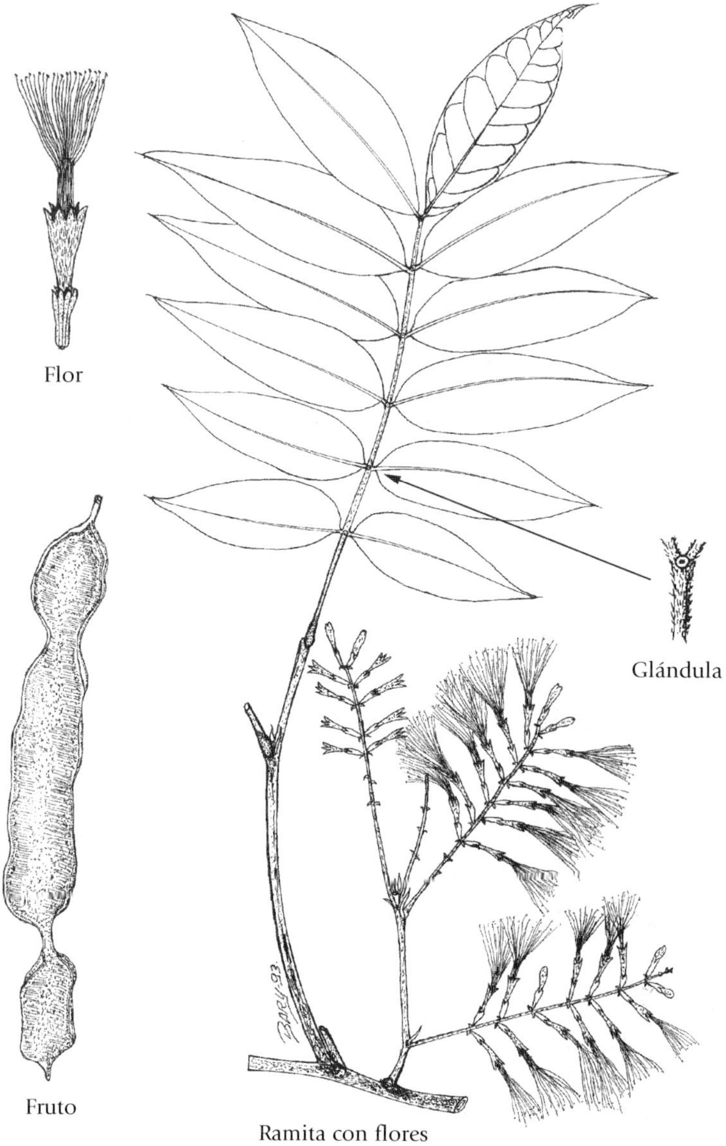

Inga spectabilis

GUABA MACHETE, GUABO DE CASTILLA, GUABO REAL

DESCRIPCIÓN BOTÁNICA: Árbol 5-15 m; ramitas conspicuamente anguladas o cuadrangulares, pálidas; estípulas 6-9 x 4 mm, subpersistentes. Hojas con 2 pares de folíolos, elípticos a obovados, ápice redondeado a mucronado, glabros, el par distal 19-30 x 8-18 cm, el par basal 10-16 x 5-9 cm; raquis alado, glándulas interfoliolares sésiles y en forma de copa; pecíolo cilíndrico o alado. Inflorescencias en espigas, pedúnculo angulado 3-8 cm de largo, raquis floral 1-5 cm de largo. Flores con el cáliz de 8-9 mm de largo; corola 18-24 mm de largo. Frutos aplanados, hasta 70 x 8 x 3 cm, glabros y leñosos.

DIAGNÓSTICO: Se reconoce por sus ramas anguladas, los folíolos con numerosos nervios secundarios, las flores grandes y los frutos en forma de machete.

DISTRIBUCIÓN: Del sur de México a Venezuela y Perú. Esta especie ha sido ampliamente cultivada por sus frutos, por lo cual su distribución original no es clara. En Costa Rica en la zona norte, la vertiente Atlántica y parte suroeste de la vertiente Pacífica. Elevación 0-1.200 m.

FENOLOGÍA: Flores observadas en enero, mayo, junio, julio, agosto y diciembre. Frutos en enero, febrero, marzo, abril, junio, julio, noviembre y diciembre.

USOS: Generalmente sembrada por sus frutos, los cuales se comercializan en mercados locales, ya que las semillas están envueltas en una abundante y jugosa carnosidad dulce y deliciosa. Su follaje es abundante y denso, por lo que ayudaría a mejorar la calidad del suelo usándolo en prácticas agronómicas o agroforestales. Además es una fuente importante de leña.

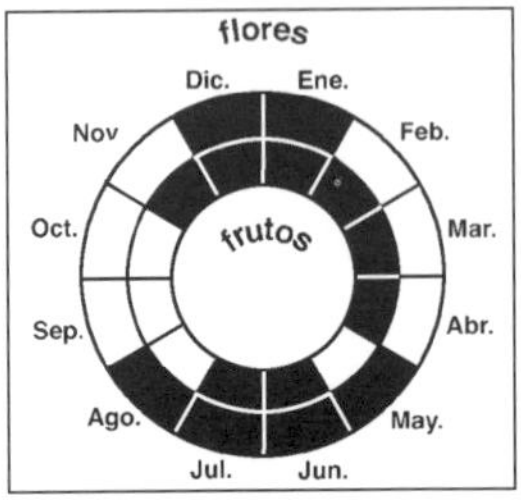

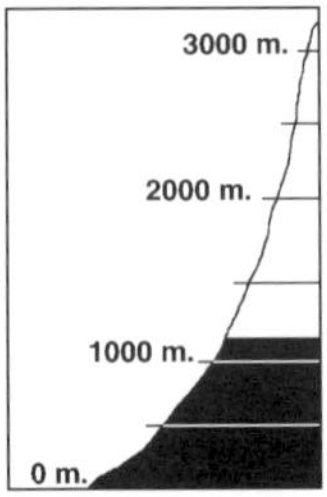

Inga spectabilis

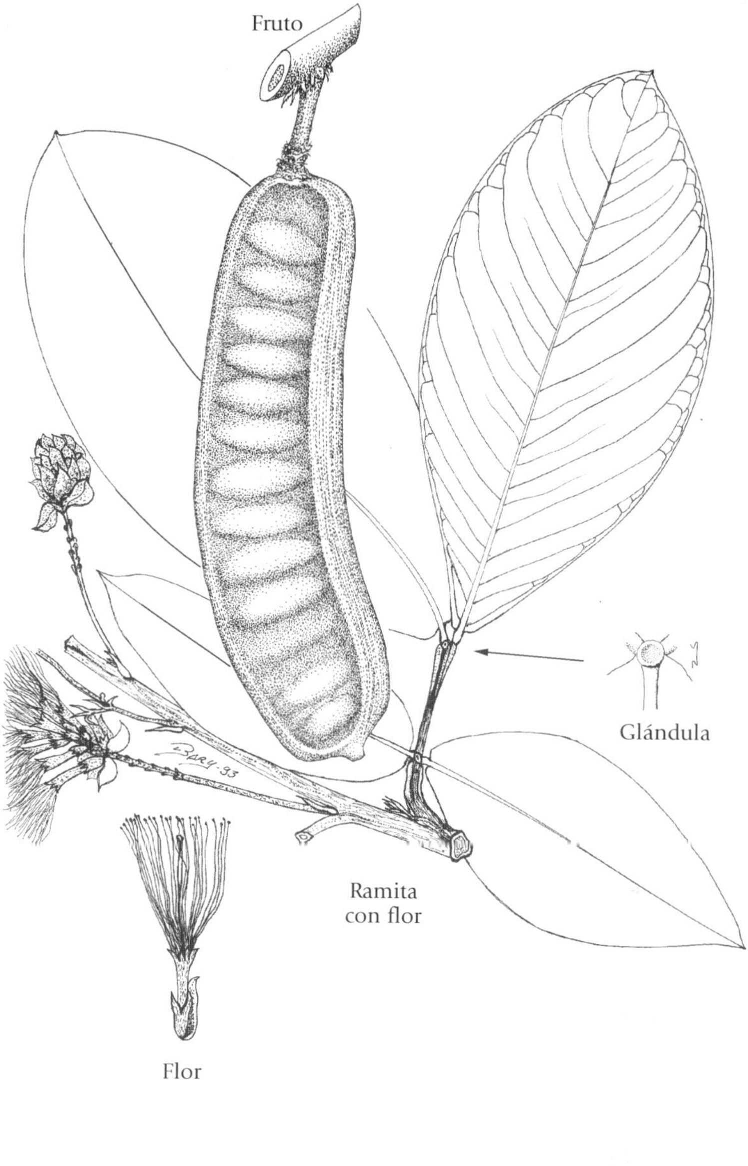

Inga stenophylla

Descripción botánica: Árbol hasta 7 m; ramitas delgadas y lenticeladas; estípulas deciduas. Hojas con 4-8 pares de folíolos, oblongos a linear-lanceolados, ápice acuminado a falcado, glabros y lustrosos en la haz, el par distal 5-7 x 1-2 cm, el par basal 3-5,5 x 1-1,5 cm; raquis cilíndrico (o muy levemente alado), glándulas interfoliolares sésiles a corto-estipitadas; pecíolo cilíndrico, Inflorescencias en espigas, pedúnculo 1-4 cm de largo, diminuto ferrugíneo-piloso, raquis floral 2-2,5 cm de largo. Flores con el cáliz de 2-3 mm de largo; corola 6-7 mm de largo. Frutos aplanados, 18-22 x 1-1,5 cm, glabros.

Diagnóstico: Se reconoce por sus hojas con varios pares de folíolos, glabros y muy estrechos, una inflorescencia espigada muy corta, los frutos alargados y estrechos.

Distribución: Endémica. Conocida entre Santiago y San José de San Ramón, Alajuela, y el Valle de Candelaria, La Legua, Acosta, San José. Elevación 1.200-1.500 m.

Fenología: Flores observadas en enero, febrero, noviembre y diciembre. Frutos en enero, junio y agosto.

Hábitat: Se observa orillas de caminos y bordes de bosque. Conocida en climas de húmedos a secos, con una estación seca bien marcada y larga.

Usos: Como es una especie rara y endémica, es importante su propagación para protegerla. Además su follaje menudo y el porte pequeño le dan una buena apariencia como planta ornamental.

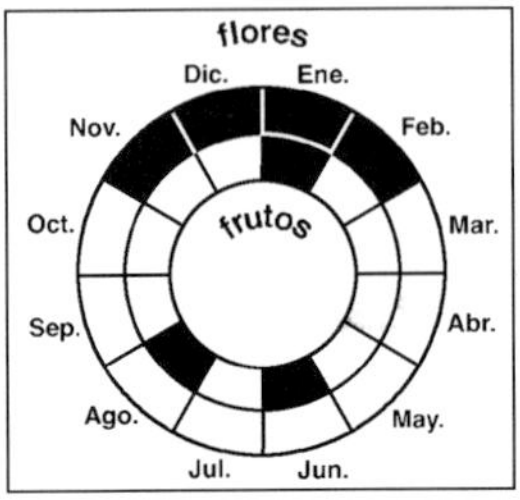

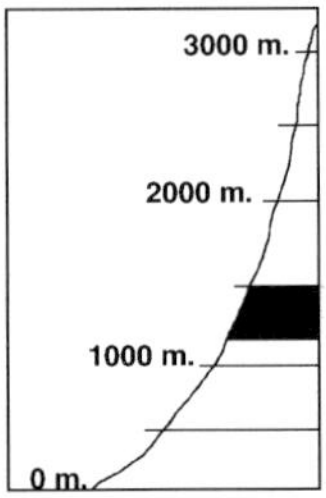

Inga stenophylla

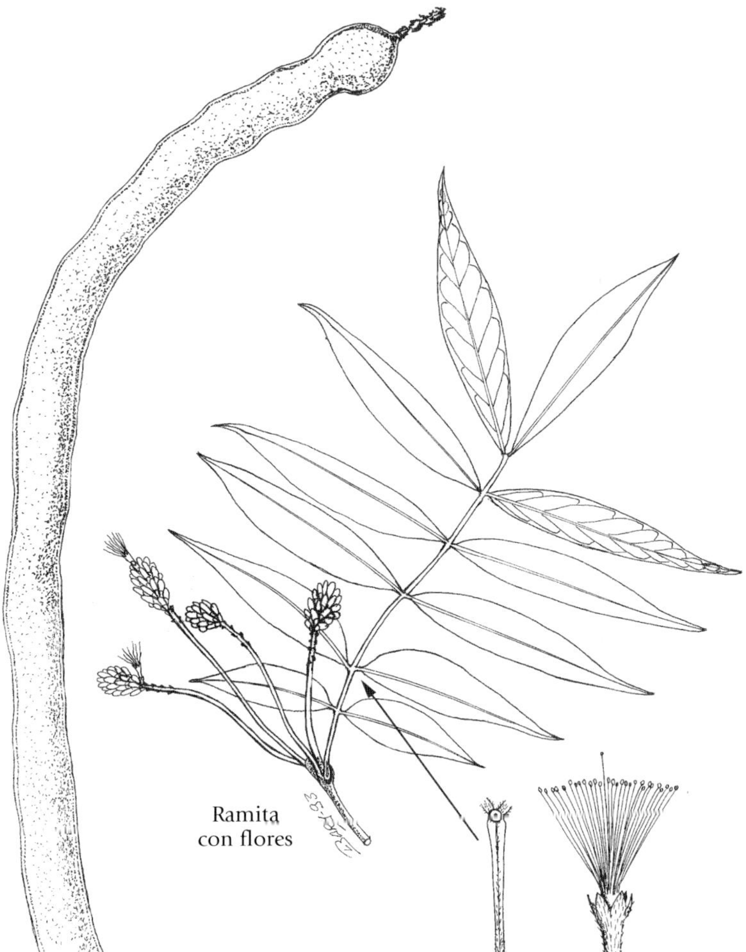

Inga tenuiloba

Descripción botánica: Árbol 6-10 m; ramitas lenticeladas, ferrugíneo-hirsuto-pubescentes; estípulas 1,5-2 cm de largo, lanceoladas. Hojas con 2-3(-4) pares de folíolos, elípticos a elíptico-oblongos, ápice agudo a acuminado, con una pubescencia hirsuta en el envés, el par distal 22-26 x 10,2-14 cm, el par basal 5,7-12,5 x 3,5-6,6 cm; raquis alado, glándulas interfoliolares largo y delgado- estipitadas; pecíolo alado. Inflorescencias en espigas, pedúnculo 3-9,5 cm de largo, densamente pubescente; raquis floral 1,5-2 cm de largo. Flores con el cáliz de 2,5-4 mm de largo; corola 10-14 mm de largo. Frutos aplanados, 15,5-22 x 2,6-3,5 x 0,4-0,5 cm, hirsuto-pubescentes.

Diagnóstico: Se reconoce por sus hojas con las glándulas interfoliolares largo-estipitadas, su pubescencia hirsuta y el cáliz con los dientes o lóbulos muy delgados, así como las brácteas de la inflorescencia largas y persistentes.

Distribución: Endémica. Conocida de la Península de Osa (Agua Buena y Rancho Quemado), Puntarenas. Elevación 50-350 m.

Fenología: Flores observadas en noviembre. Frutos en setiembre.

Hábitat: Se ha observado a orillas de ríos y en vegetación secundaria. En climas muy húmedos. Es una especie rara.

Usos: Para leña.

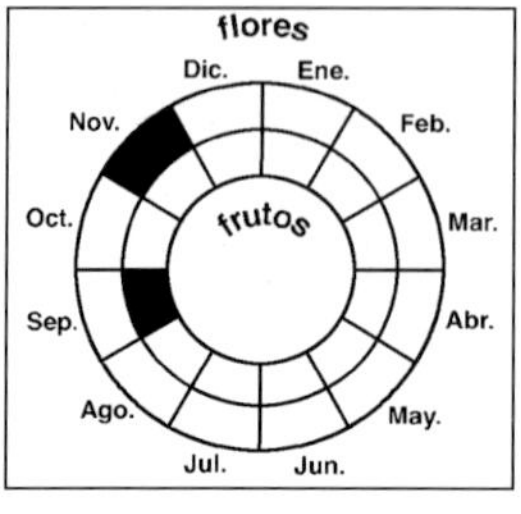

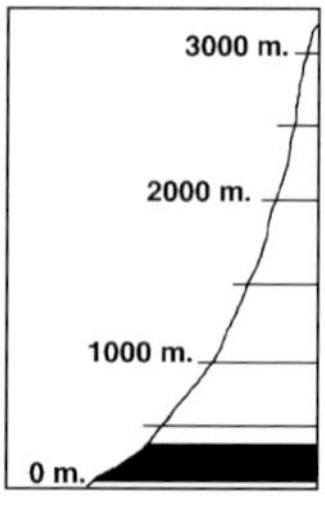

Inga tenuiloba

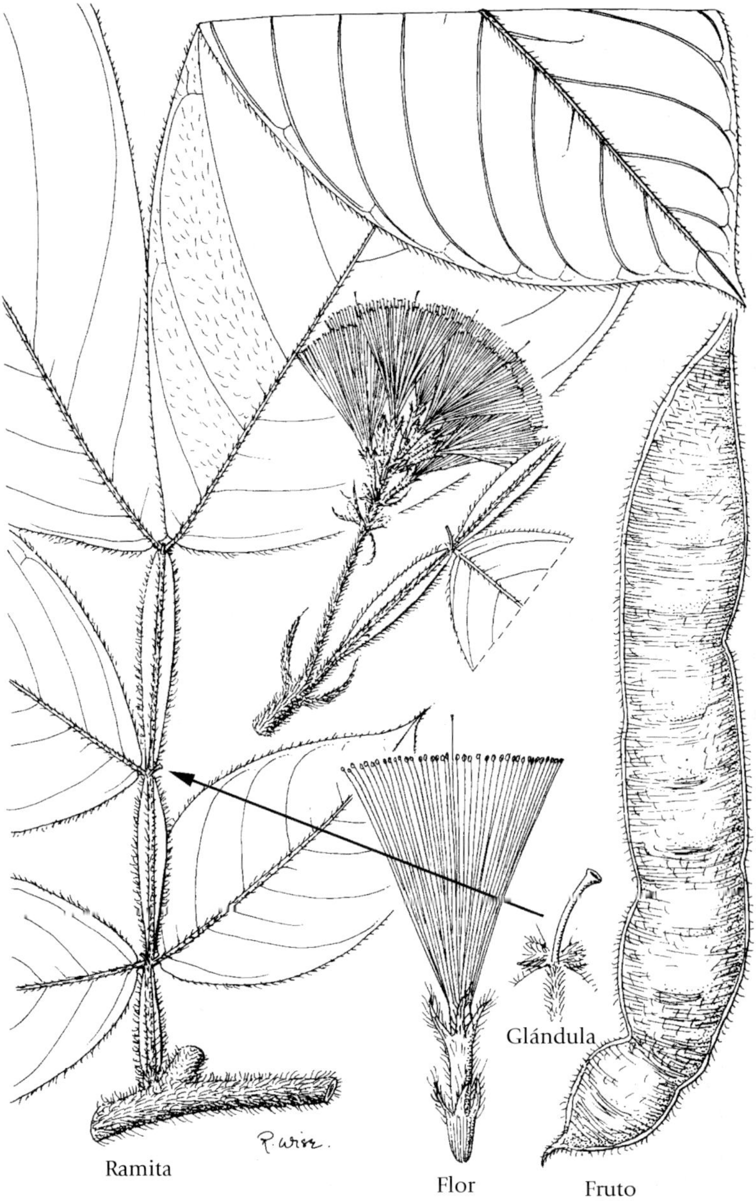

Inga thibaudiana

GUABA

DESCRIPCIÓN BOTÁNICA: Árbol 6-20 m; ramitas ferrugíneo-pubescentes y lenticeladas; estípulas deciduas. Hojas con (4-)5-6(-7) pares de folíolos, elípticos a oblanceolados, ápice largo-acuminado o agudo, envés denso y diminuto-pubescente, el par distal 7-15 x 3-6 cm, el par basal 3-5 x 1-3 cm; raquis cilíndrico, glándulas interfoliolares sésiles y en forma de olla; pecíolo cilíndrico. Inflorescencias en espigas, pedúnculo 3-4 cm de largo, ferrugíneo-pubescente, raquis floral 1,5-3,5 cm de largo. Flores con el cáliz de 3-4 mm de largo; corola 16-20 mm de largo. Frutos aplanados, 6-18 x 2 cm, grisáceo o ferrugíneo-pubescente.

DIAGNÓSTICO: A menudo es confundida con *I. multijuga*, pero difiere de ésta por sus folíolos con el ápice abrupto-acuminado, cuspidado o largo-acuminado, varios nervios secundarios y una pubescencia serícea de pelos acostados, generalmente en el envés.

DISTRIBUCIÓN: Del sur de México a Bolivia y el este de Brasil. En Costa Rica ampliamente distribuida en ambas vertientes, principalmente en climas muy húmedos. Elevación 0-700 m.

FENOLOGÍA: Flores y frutos observados la mayor parte del año.

HÁBITAT: Se observa a orillas de caminos, bordes de bosque, potreros, vegetación secundaria o primaria con cierto grado de intervención. En climas húmedos a muy húmedos.

USOS: Es una especie con potencial para leña por su rápido crecimiento y la copa muy ramificada, los árboles alcanzan hasta 20 m. Es frecuente en algunos bosques intervenidos de la zona norte.

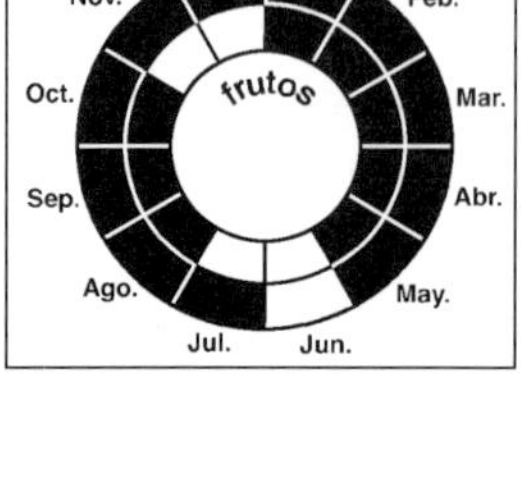

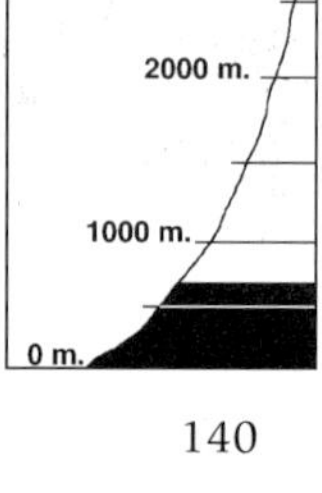

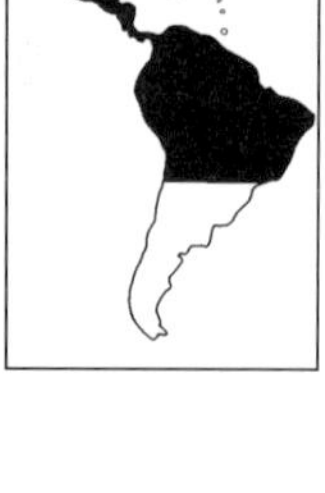

Inga thibaudiana

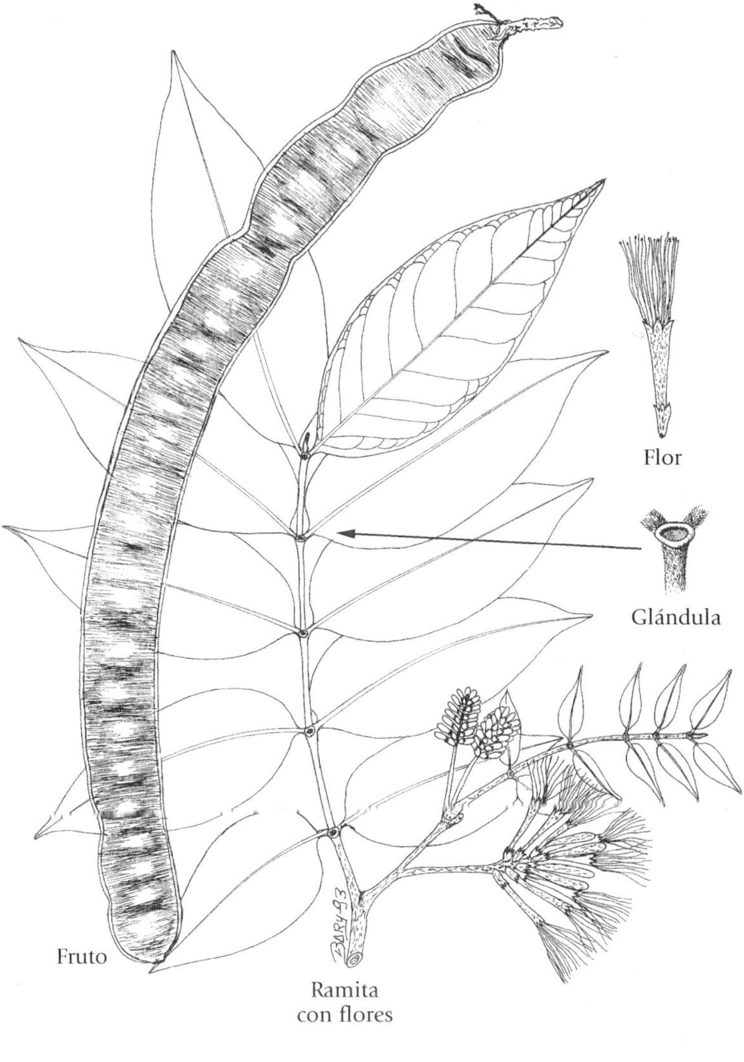

Inga tonduzii

GUABA PELUDA, GUABA AMARILLA

DESCRIPCIÓN BOTÁNICA: Árbol 6-15 m; ramitas densamente híspido-pubescentes, estípulas 1,5 -2 x 1 cm, persistentes. Hojas con (2-)3-4(-5) pares de folíolos, elípticos a obovados, ápice largo-acuminado, amarillo-pubescentes, más densas en el envés, el par distal 11-23 x 5-11 cm, el par basal 2,5-11 x 2-6,3 cm; raquis alado, glándulas interfoliolares sésiles, corto-estipitadas o largo-estipitadas; pecíolo alado o muy estrecho-alado. Inflorescencias en espigas, pedúnculo 1-5 cm de largo, denso-piloso, raquis floral 1-4(-9) cm de largo. Flores con el cáliz de 10-16 mm de largo, corola 20-27 mm de largo. Frutos aplanados, 15-37 x 4-5 x 0,5 cm, denso-ferrugíneo-pilosos.

DIAGNÓSTICO: Se reconoce por su pubescencia densa de pelos largos y ferrugíneos sobre las ramitas, hojas y flores, y por el tamaño de las brácteas (15-18 mm) de la inflorescencia.

DISTRIBUCIÓN: Nicaragua y Costa Rica. En Costa Rica ampliamente distribuida, tanto en áreas montañosas como de bajura. Elevación 280-1.300 m.

FENOLOGÍA: Flores y frutos observados la mayor parte del año.

HÁBITAT: Se observa en potreros, orillas de bosque, ríos y vegetación secundaria. Principalmente en climas muy húmedos de bosques nubosos.

USOS: Para leña. Quizás los frutos se pueden comercializar ya que tienen abundante "carnosidad" alrededor de las semillas, la cual es dulce y jugosa.

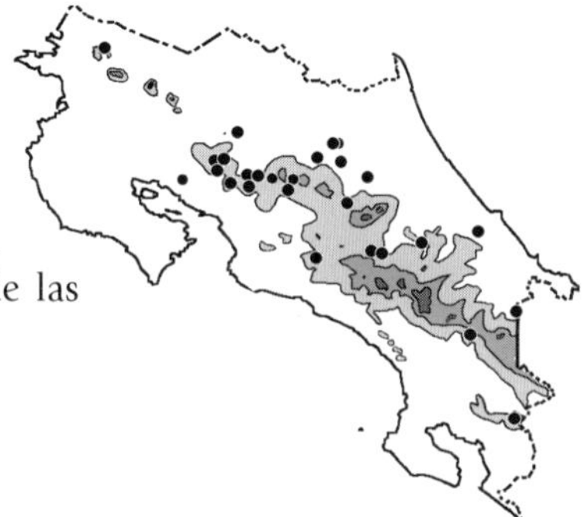

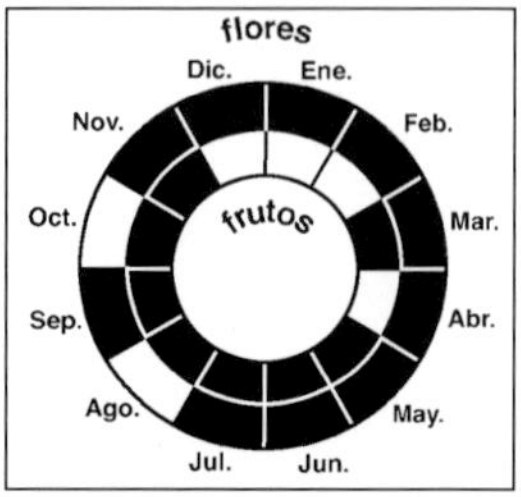

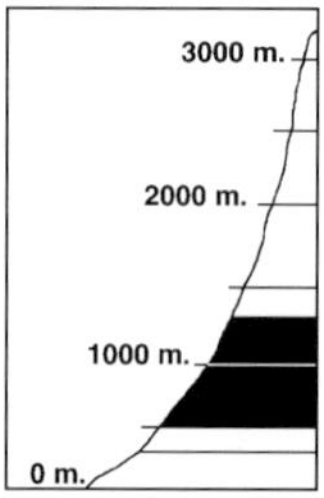

Inga tonduzii

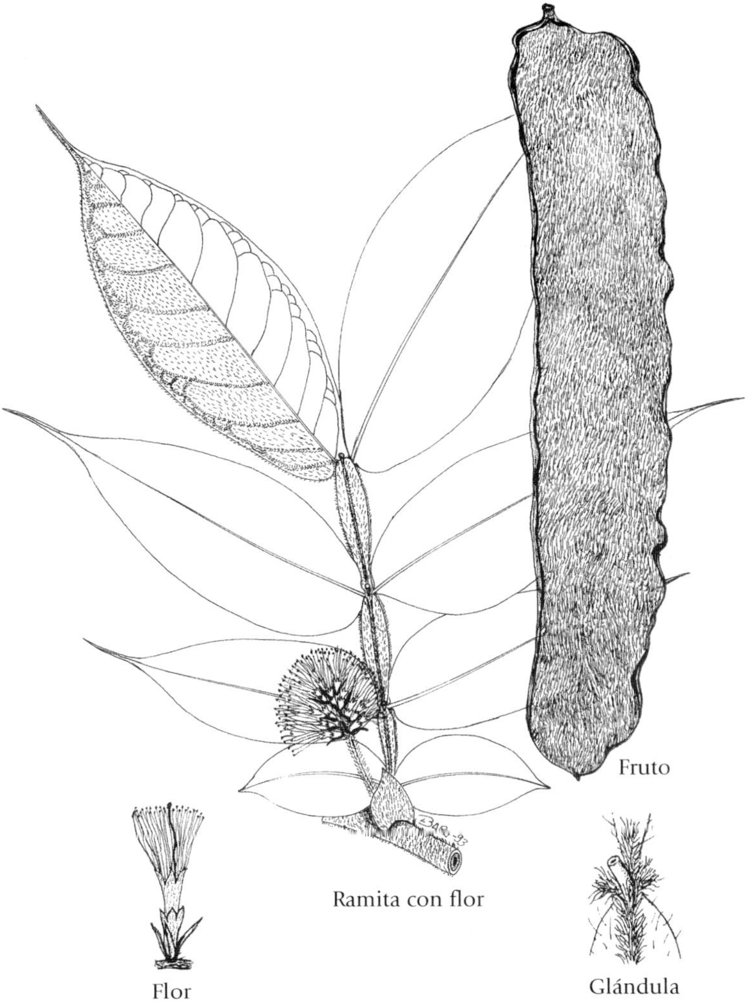

Descripción botánica: Árbol 7-15 m; ramitas glabras y lenticeladas; estípulas hasta 5 mm de largo. Hojas con (-1)2-3 pares de folíolos, elípticos, ápice agudo a acuminado, glabros y lustrosos en la haz, el par distal 9-16 x 4-6 cm, el par basal 4-6 x 1-3 cm; raquis alado, glándulas interfoliolares sésiles y forma de copa; pecíolo generalmente cilíndrico. Inflorescencias umbela, pedúnculo 1-5 cm de largo. Flores con pedicelos hasta 15 mm de largo; cáliz 3-5 mm de largo; corola 9-17 mm de largo. Frutos aplanados, 6-12 x 1,5-2,5 cm, glabros.

Diagnóstico: Se reconoce por sus hojas glabras con el raquis muy estrecho y alado, generalmente cerca de la unión de los folíolos, así como por su inflorescencia umbelada, con flores largo-pediceladas. Los frutos cuando secos se tornan rojizos.

Distribución: De Nicaragua al oeste de Suramérica, Perú y Bolivia. En Costa Rica en la zona norte, la vertiente Atlántica y parte suroeste de la vertiente del Pacífico. Elevación 0-700 m.

Fenología: Flores observadas casi todo el año. Frutos en febrero, marzo, mayo, junio, octubre y diciembre.

Hábitat: Se observa a orillas de caminos, bordes de bosque y vegetación secundaria o primaria intervenida. En climas húmedos a muy húmedos.

Usos: Para leña.

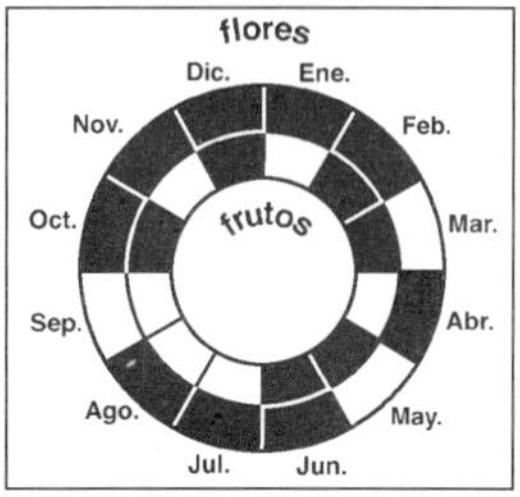

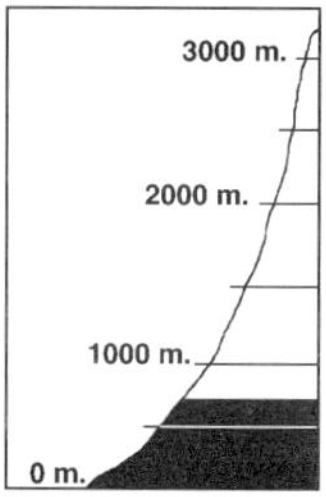

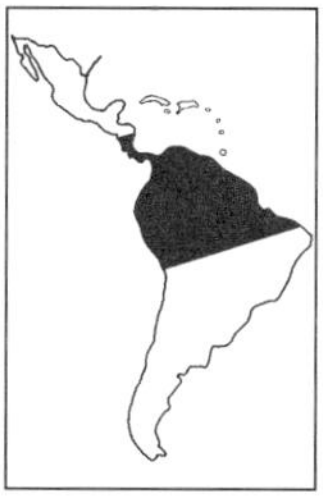

Inga umbellifera

Inga venusta

Sin. *I. callicarpa* N. Zamora, *I. urabensis* L. Uribe
GUABA AMARILLA

DESCRIPCIÓN BOTÁNICA: Árbol 10-16 m; ramitas glabras, poco lenticeladas; estípulas deciduas. Hojas con (2-)3(-4) pares de folíolos, oblongos a lanceolados, ápice obtuso a corto-acuminado, glabros y lustrosos, el par distal 9-18(-27) x 3-13,3 cm, el par basal 4-13,2 x 2-6,7 cm; raquis alado, glándulas interfoliolares sésiles y en forma de copa; pecíolo alado. Inflorescencias en espigas, pedúnculo 1-3 cm de largo, raquis floral 0,5-1 cm de largo. Flores con el cáliz de 9-13 mm de largo; corola 18-23 mm de largo. Frutos aplanados, 26-35 x 3,5-4,5 cm, glabros, estriados transversalmente y lustrosos cuando secos.

DIAGNÓSTICO: Se reconoce por sus hojas glabras, folíolos con varios nervios secundarios; flores amarillentas congestionadas, cáliz espatulado y rojizo cuando secas; frutos anchos y con numerosas estrías transversales, a veces enroscados en forma circular. El material de tierras bajas, especialmente la vertiente Atlántica y la zona norte del país, presenta hojas con folíolos con una pubescencia corta en el envés y frutos enroscados.

DISTRIBUCIÓN: Costa Rica, Panamá, Colombia y Ecuador. En Costa Rica conocida de la Cordillera de Guanacaste, Cordillera de Tilarán, Cordillera Central, zona norte, Atlántica y Península de Osa. Elevación 50-1.200 m.

FENOLOGÍA: Flores observadas en febrero, marzo, junio, julio, agosto, setiembre, octubre y noviembre. Frutos en febrero, marzo, abril, mayo, setiembre.

HÁBITAT: Se observa a orillas de bosque, caminos, vegetación secundaria y es frecuente en bosques intervenidos de la zona norte. En climas húmedos, muy húmedos o nubosos.

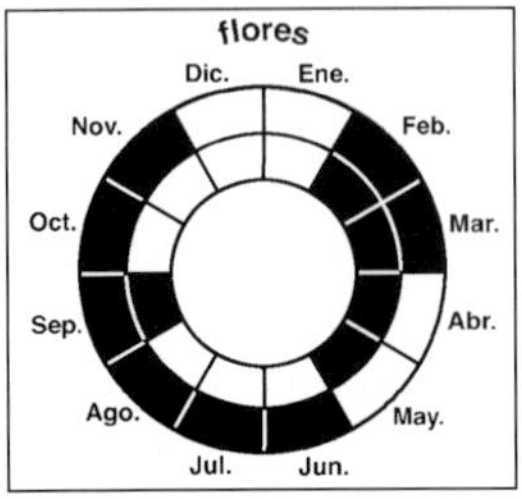

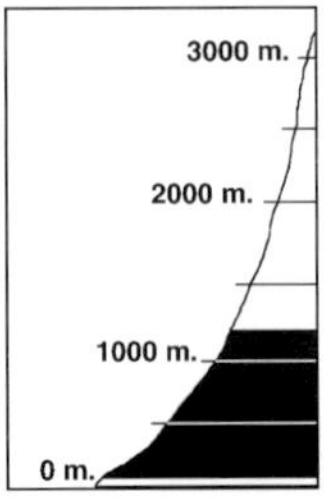

Inga venusta

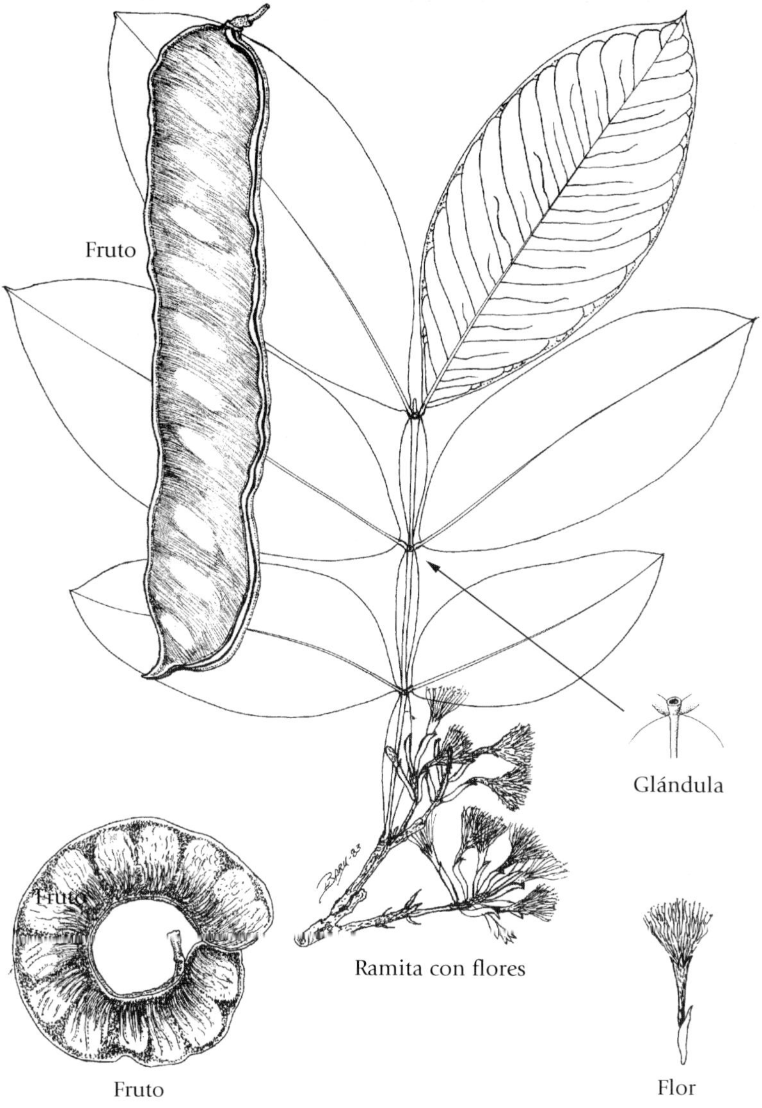

Usos: Para leña y es posible que también se use como madera. Los árboles de zonas bajas tienen hojas con grandes folíolos coriáceos que proporcionan mucha materia orgánica al suelo, por eso es recomendable utilizarla en sistemas agronómicos o agroforestales.

Inga vera

GUABO, GUABO DE RÍO, CUAJINIQUIL

DESCRIPCIÓN BOTÁNICA: Árbol 4-10 m; ramitas ferrugíneo-pubescentes y lenticeladas; estípulas 4-7 mm de largo, deciduas. Hojas con (5-)6-7(-9) pares de folíolos, elípticos a lanceolados, ápice obtuso a acuminado, pubescentes en el envés, el par distal 9-17 x 3-4 cm, el par basal 3-8 x 1,5-2,5 cm; raquis alado, glándulas interfoliolares sésiles y en forma de olla; pecíolo cilíndrico o alado. Inflorescencias en espigas, pedúnculo 4-7 cm de largo, raquis floral 1-3(-5) cm de largo. Flores con el cáliz de 11-19 mm de largo; corola 15-22 mm de largo. Frutos subcilíndricos, 8-15(-30) x 1-2 cm, surcados y ferrugíneo-pubescentes.
DIAGNÓSTICO: Se reconoce por su hábitat, principalmente de climas secos con vegetación caducifolia y con frecuencia ripario. También por el tamaño de las flores y las hojas con muchos pares de folíolos. Las diferencias entre las dos subespecies (*I. vera* subespecie *vera* e *I. vera* subespecie *affinis*) radican básicamente en que las flores de esta última son más pequeñas.
DISTRIBUCIÓN: De México a Suramérica y las Antillas Mayores. En Costa Rica se encuentran dos subespecies: *I. vera* subespecie *vera* e *I. vera* subespecie *affinis*. La subespecie *vera* está ampliamente distribuida a lo largo de la vertiente del Pacífico seco, pero también es conocida de la zona norte (Refugio Nacional de Vida Silvestre Caño Negro y región de los Chiles), mientras la subespecie *affinis* se conoce de la región de la Fortuna de San Carlos. Elevación 0-1.200 m.

FENOLOGÍA: Flores y frutos observados la mayor parte del año.
HÁBITAT: La subespecie *vera* prefiere climas secos o sitios con estación seca marcada, al menos de cuatro o más meses secos,

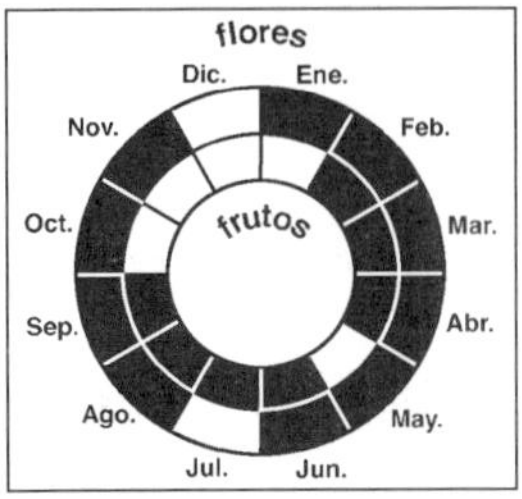

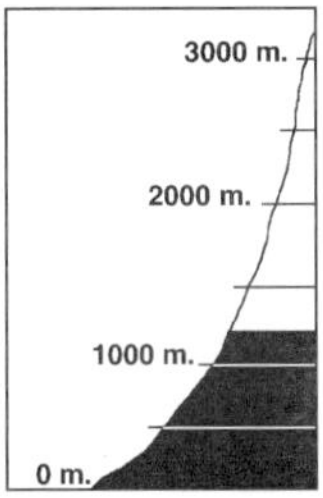

Inga vera

pero es principalmente riparia. La subespecie *affinis*, por el contrario, se ha observado en climas muy húmedos.

Usos: Para leña. Podría además ser una especie recomendable para la reforestación de márgenes de ríos en sitios secos.

Fotografías

Reinaldo Aguilar

1 *Inga alba*

Reinaldo Aguilar

2 *Inga alba*

Reinaldo Aguilar

3 *Inga alba*

Nelson Zamora

4 *Inga alba*

Reinaldo Aguilar

5 *Inga alba*

Reinaldo Aguilar

6 *Inga barbourii*

Reinaldo Aguilar

7 *Inga barbourii*

Reinaldo Aguilar

8 *Inga barbourii*

Reinaldo Aguilar

9 *Inga bella*

Nelson Zamora

10 *Inga bella*

Reinaldo Aguilar

11 *Inga bella*

Reinaldo Aguilar

12 *Inga bella*

Nelson Zamora

13 *Inga bracteifera*

Nelson Zamora

14 *Inga bracteifera*

Nelson Zamora

15 *Inga bracteifera*

Reinaldo Aguilar

16 *Inga bracteifera*

María Marta Chavarría, ACG

17 *Inga canonegrensis*

María Marta Chavarría, ACG

18 *Inga canonegrensis*

María Marta Chavarría, ACG

19 *Inga canonegrensis*

Daniel Pérez, ACG

20 *Inga chocoensis*

Nelson Zamora

21 *Inga cocleensis*

Nelson Zamora

22 *Inga cocleensis*

Reinaldo Aguilar

23 *Inga coruscans*

Reinaldo Aguilar

24 *Inga coruscans*

Nelson Zamora

25 *Inga coruscans*

Nelson Zamora

26 *Inga densiflora*

Nelson Zamora

27 *Inga densiflora*

Nelson Zamora

28 *Inga densiflora*

Nelson Zamora

29 *Inga edulis*

Nelson Zamora

30 *Inga edulis*

Nelson Zamora

31 *Inga edulis*

Nelson Zamora

32 *Inga edulis*

Adrián Guadamuz, ACG

33 *Inga exalata*

Reinaldo Aguilar

34 *Inga goldmanii*

Reinaldo Aguilar

35 *Inga goldmanii*

Nelson Zamora

44 *Inga jimenezii*

Reinaldo Aguilar

45 *Inga jimenezii*

Reinaldo Aguilar

46 *Inga jinicuil*

Reinaldo Aguilar

47 *Inga jinicuil*

Nelson Zamora

48 *Inga laurina*

Barry Hammel

49 *Inga laurina*

Nelson Zamora

50 *Inga laurina*

Nelson Zamora
51 *Inga leiocalycina*

Nelson Zamora
52 *Inga litoralis*

Reinaldo Aguilar
53 *Inga marginata*

Nelson Zamora
54 *Inga marginata*

Nelson Zamora

55 *Inga marginata*

Nelson Zamora

56 *Inga marginata*

Reinaldo Aguilar

57 *Inga multijuga*

Reinaldo Aguilar

58 *Inga multijuga*

Reinaldo Aguilar

59 *Inga multijuga*

Reinaldo Aguilar

60 *Inga multijuga*

Reinaldo Aguilar

61 *Inga multijuga*

Reinaldo Aguilar

62 *Inga nobilis*

Reinaldo Aguilar

63 *Inga nobilis*

Reinaldo Aguilar

64 *Inga nobilis*

Reinaldo Aguilar

65 *Inga nobilis*

Nelson Zamora

66 *Inga oerstediana*

Adrián Guadamuz, ACG

67 *Inga oerstediana*

Nelson Zamora

68 *Inga oerstediana*

Nelson Zamora

69 *Inga oerstediana*

Nelson Zamora

70 *Inga oerstediana*

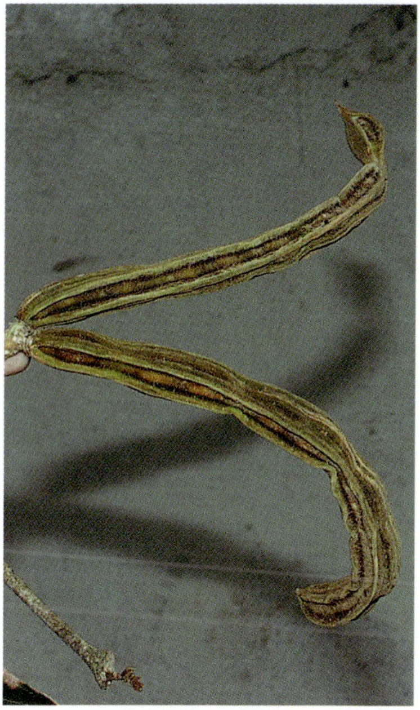
Adrián Guadamuez, ACG

71 *Inga oerstediana*

Barry Hammel

72 *Prosonpache costaricensis*, parásito de las raíces de *Inga oerstediana*

Paul J. M. Maas

73 *Prosonpache costaricensis*, parásito de las raíces de *Inga oerstediana*

Reinaldo Aguilar

74 *Inga pezizifera*

Reinaldo Aguilar
75 *Inga pezizifera*

Reinaldo Aguilar
76 *Inga pezizifera*

Reinaldo Aguilar
77 *Inga polita*

Reinaldo Aguilar
78 *Inga polita*

Reinaldo Aguilar

79 *Inga polita*

Nelson Zamora

80 *Inga punctata*

Daniel Pérez

81 *Inga punctata*

Nelson Zamora

82 *Inga punctata*

Nelson Zamora

83 *Inga punctata*

Nelson Zamora

84 *Inga punctata*, enfermedad Escoba de bruja

Nelson Zamora

85 *Inga punctata*, enfermedad Escoba de bruja

Nelson Zamora

86 *Inga punctata*

Nelson Zamora

87 *Inga ruiziana*

Nelson Zamora

88 *Inga ruiziana*

Alexander Rodríguez

89 *Inga samanensis*

Barry Hammel

90 *Inga samanensis*

Reinaldo Aguilar

91 *Inga sapindoides*

Daniel Pérez, ACG

92 *Inga sapindoides*

Nelson Zamora

93 *Inga sapindoides*

Reinaldo Aguilar

94 *Inga sapindoides*

Mauricio Ramírez

95 *Inga sierrae*

Mauricio Ramírez

96 *Inga sierrae*

Nelson Zamora

97 *Inga skutchii*

Nelson Zamora

98 *Inga skutchii*

Nelson Zamora

99 *Inga skutchii*

Nelson Zamora

100 *Inga skutchii*

Reinaldo Aguilar

101 *Inga spectabilis*

Reinaldo Aguilar

102 *Inga spectabilis*

Daniel Pérez, ACG

103 *Inga spectabilis*

Reinaldo Aguilar

104 *Inga spectabilis*

Reinaldo Aguilar

105 *Inga thibaudiana*

Reinaldo Aguilar

106 *Inga thibaudiana*

Reinaldo Aguilar

107 *Inga thibaudiana*

Reinaldo Aguilar

108 *Inga thibaudiana*

Nelson Zamora

109 *Inga tonduzii*

Nelson Zamora

110 *Inga tonduzii*

Nelson Zamora

111 *Inga tonduzii*

Reinaldo Aguilar

112 *Inga umbelifera*

Reinaldo Aguilar

113 *Inga umbelifera*

Reinaldo Aguilar

114 *Inga umbelifera*

Daniel Pérez, ACG

115 *Inga umbelifera*

Nelson Zamora

116 *Inga venusta*

Nelson Zamora

117 *Inga venusta*

Nelson Zamora

118 *Inga venusta*

Reinaldo Aguilar

119 *Inga vera*

Daniel Pérez, ACG

120 *Inga vera*

Barry Hammel

121 *Inga vera*

Barry Hammel

122 *Inga vera*

Glosario

Alterna(o)s: Se dice de los órganos, principalmente las hojas, cuando están insertos uno por nudo a lo largo de un eje o ramilla.

Abruptamente: Que termina en punta fuerte.

Acanalado: Que posee un canal.

Acuminado(a): Se dice de un ápice agudo, en donde los lados son algo cóncavos, y que se adelgaza gradualmente hasta formar una punta.

Agudo: Que termina en punta corta.

Alado(a): Que posee un ala.

Ápice: Punta o extremo de una hoja o folíolo.

Base: La parte de la hoja o folíolo más cercana al eje en que se inserta.

Bráctea: Hoja modificada presente en una inflorescencia.

Cáliz: Conjunto de sépalos.

Capítulo: Inflorescencia en forma de cabeza.

Coriáceo: De textura similar al cuero, resistente pero flexible

Cuspidado: Que termina en punta rígida y aguda.

Distal: En el extremo superior.

Elíptico(a): En forma de elipse, más ancho en la parte central de la estructura.

Endémica: De distribución restringida a un área geográfica específica.

Envés: Lado inferior de la hoja o folíolo.

Espiga: Tipo de inflorescencia cuyas flores carecen de pedicelos.

Estambre: Estructura masculina que produce el polen.

Estípulas: Estructuras de forma variada, muchas veces como hojitas o brácteas, encima del pecíolo, entre los pecíolos, al final de las ramitas cubriendo la yema terminal o alrededor de las ramitas en la región de los nudos.

Glabro(a): Sin pelos o tricomas.

Glándula: Célula o conjunto de células secretoras.

Haz: Lado de arriba o superior de la hoja o folíolo.

Hirsuto: Tipo de pubescencia con los pelos rígidos y erectos.

Inflorescencia: Conjunto de flores.

Lanceolado: Con forma de punta de lanza, más largo que ancho, ensanchándose por encima de la base y disminuyendo hacia el ápice.

Lanoso: Con pelos largos, suaves y entrecruzados.

Membranáceo: De consistencia suave.

Mucronado: Que termina fuertemente en una punta corta y rígida.

Oblanceolado: Con el ápice más amplio que la base.

Oblongo: Mas largo que ancho, de forma más o menos rectangular.

Obovado: En forma de huevo, con el ápice más amplio que la base.

Obtuso: Casi redondeado.

Orbicular: De forma casi circular.

Ovado: En forma de huevo, con la base más amplia que el ápice.

Pecíolo: Sostén de la hoja con la ramilla.

Pedicelo: Soporte individual de una flor.

Piloso: Con pelos suaves y largos.

Pubescente: Se refiere a la presencia de cualquier tipo de pelo o tricoma.

Racimo: Inflorescencia simple en la cual las flores tienen pedicelos.

Revoluto: Con los bordes enrollados sobre el envés.

Ripario: Que crece a lo largo de los ríos.

Rodal: Grupo de árboles de la misma especie que conforman una unidad espacial de tamaño apreciable.

Seríceo: Con pelos simples acostados.

Sésil: Que no tiene pedicelo o pecíolo.

Tajona: Pedazo de rama rígida usado popularmente para azotar a los caballos. Generalmente con un lazo de cuero a manera de mango para meter la mano y sujetarla.

Tomentoso: Con pelos largos y entrecruzados.

Umbela: Inflorescencia cuyos pedicelos se originan en un sólo punto.

Glosario ilustrado

Partes de la hoja

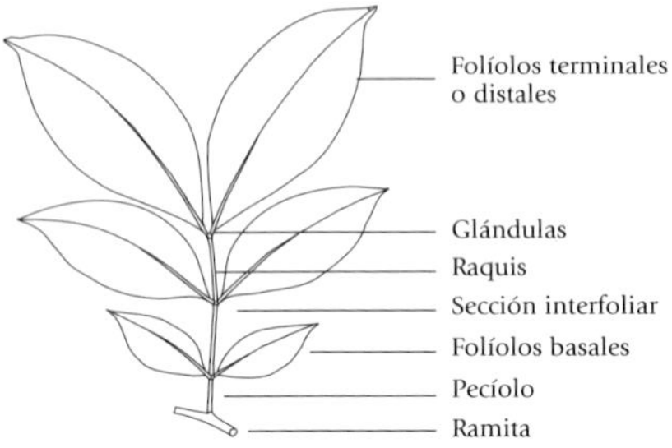

Pubescencia

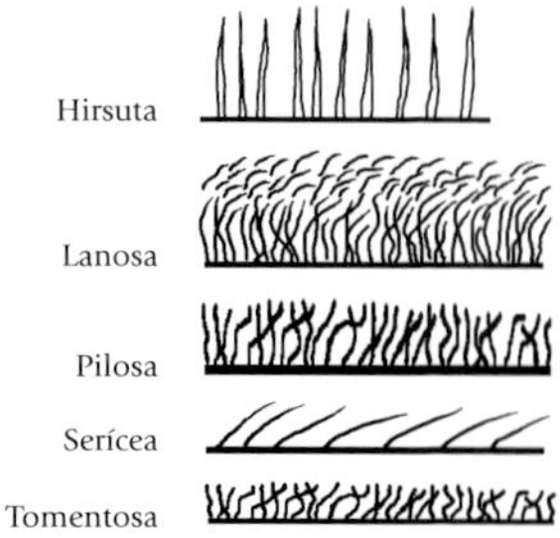

Otras características de ramitas y hojas

Estípula

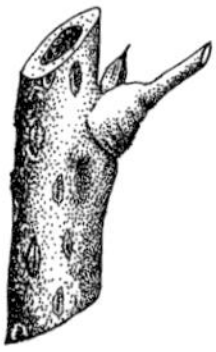
Lenticelas

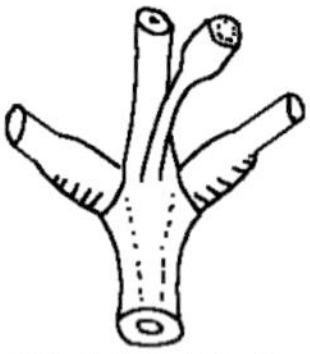
Glándula estipitada

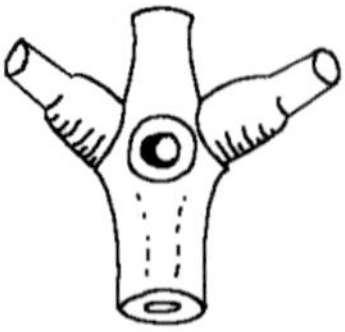
Glándula sésil o sentada

Formas de los folíolos

Folíolo revoluto

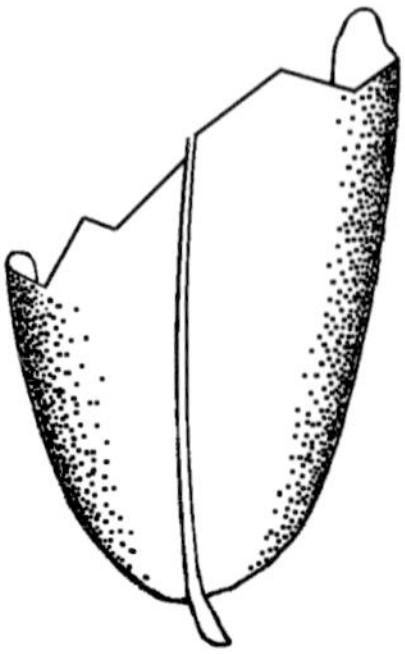

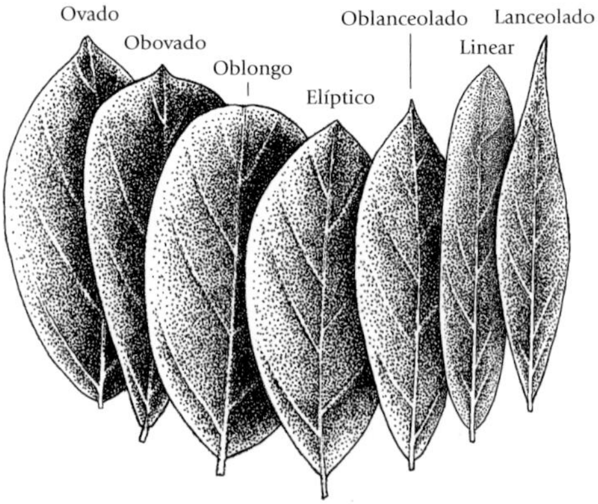

Ápice de los folíolos

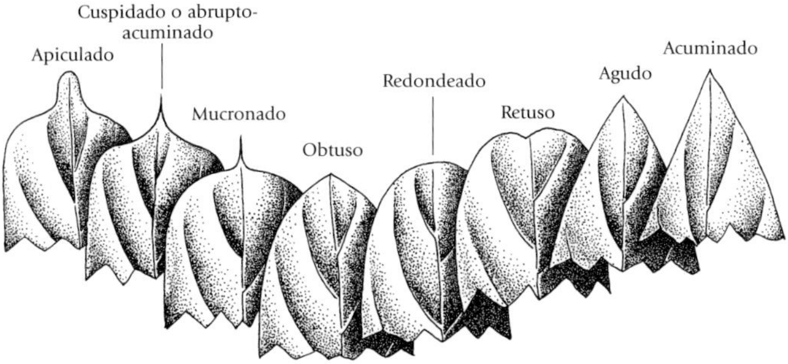

Tipos de raquis

Partes de la inflorescencia

Partes de la flor

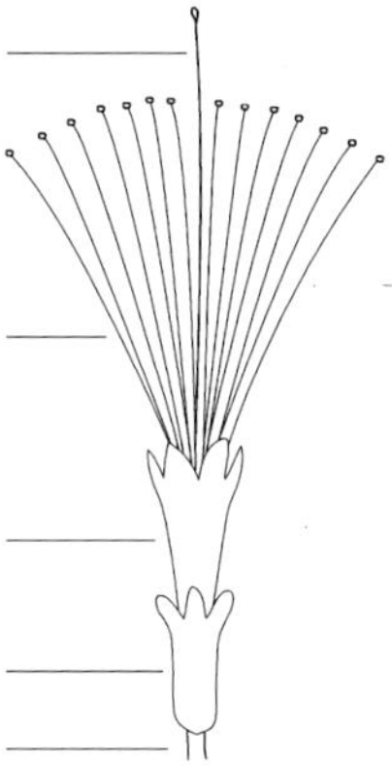

Partes del pistilo

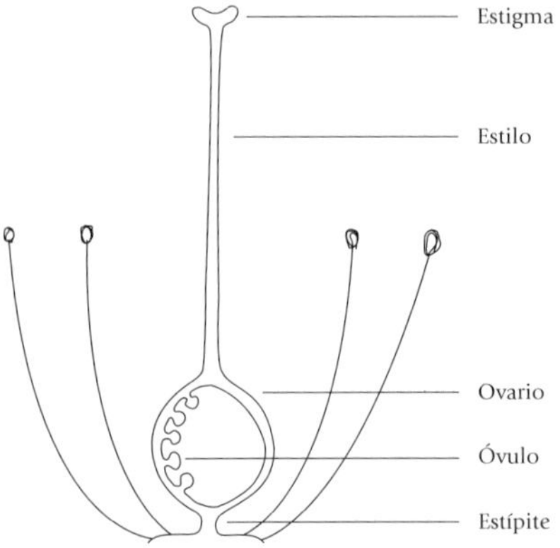

Partes del estambre

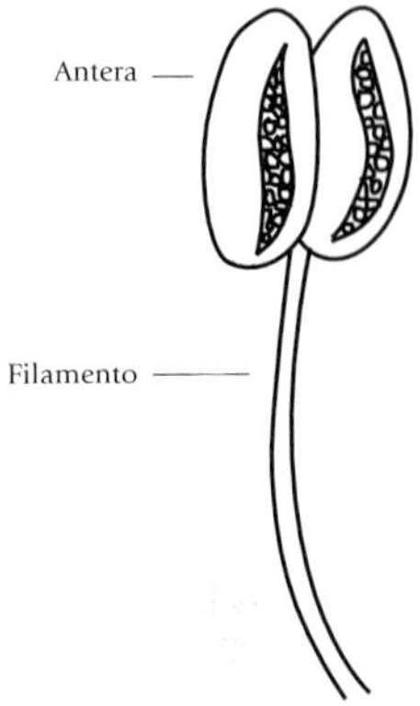

Brácteas florales

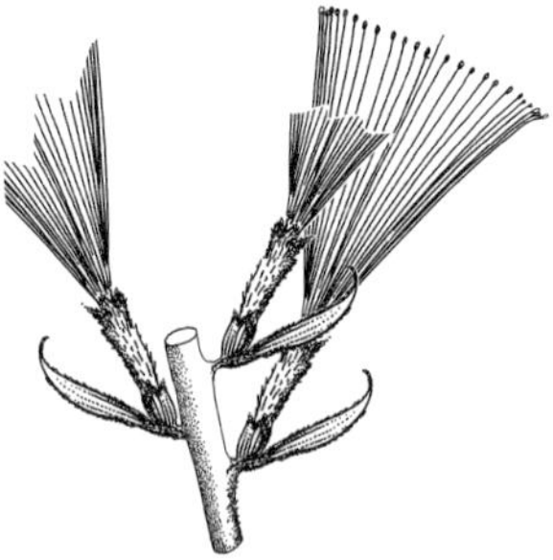

Inflorescencia umbela

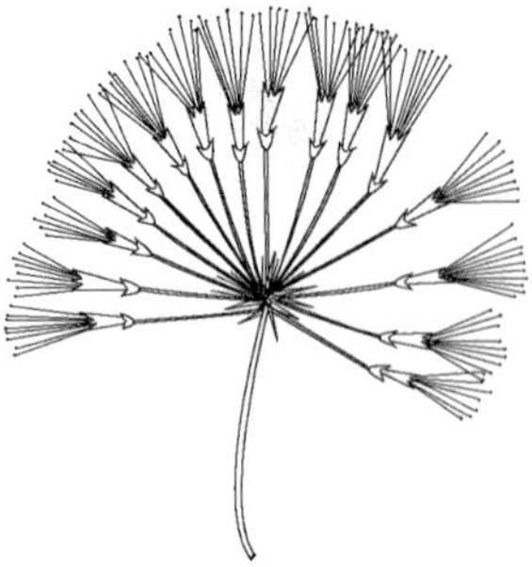

Inflorescencia espiga

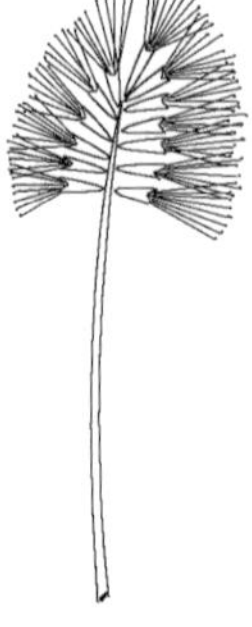

Inflorescencia capítulo

Ordenamiento de los frutos según su clasificación taxonómica

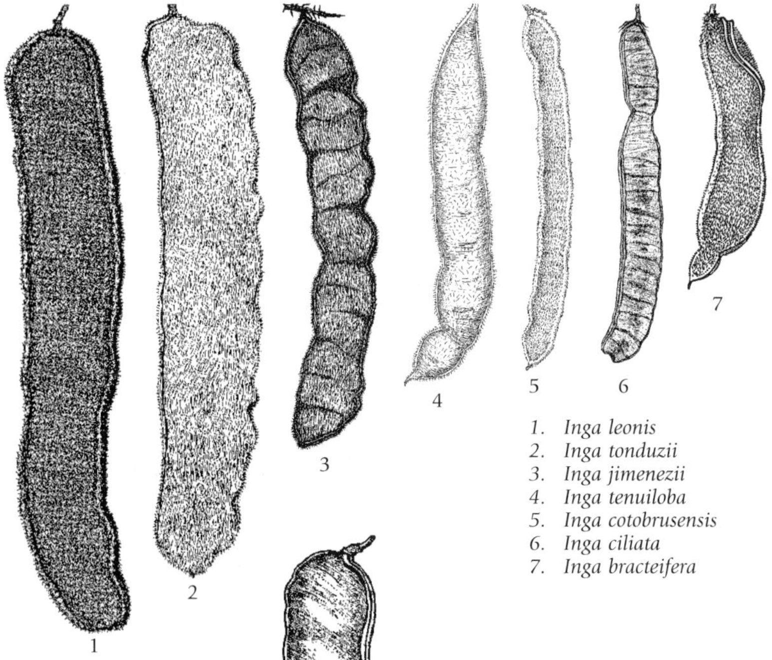

1. *Inga leonis*
2. *Inga tonduzii*
3. *Inga jimenezii*
4. *Inga tenuiloba*
5. *Inga cotobrusensis*
6. *Inga ciliata*
7. *Inga bracteifera*

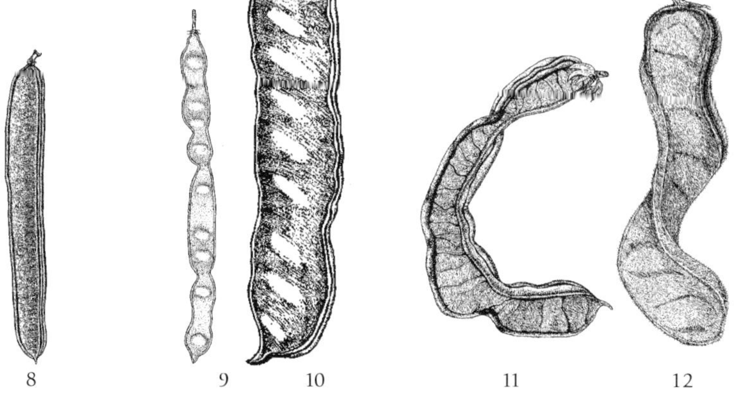

8. *Inga bella*

9. *Inga acuminata*
10. *Inga venusta*

11. *Inga canonegrensis*
12. *Inga goldmanii*

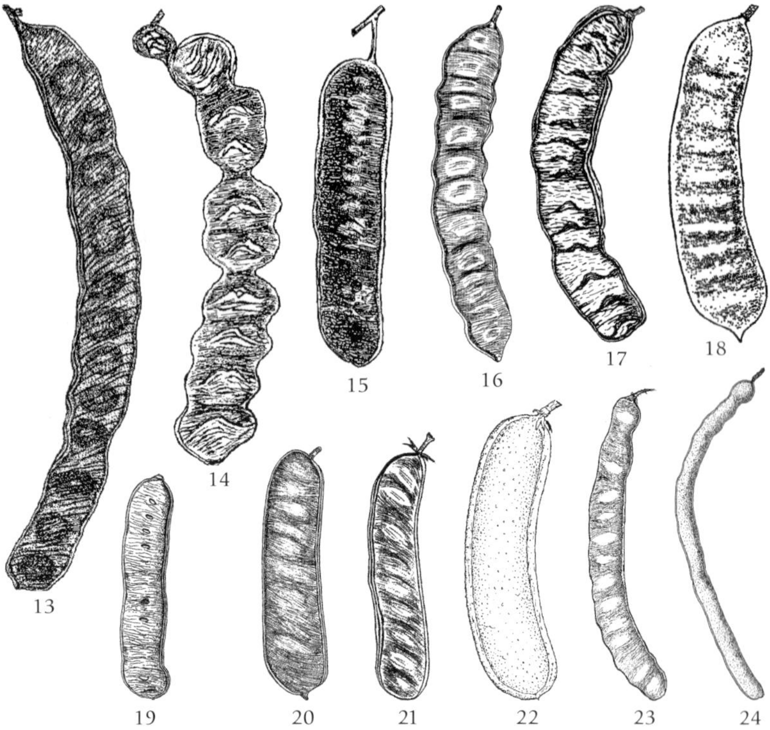

13. *Inga latipes*
14. *Inga leiocalycina*
15. *Inga acrocephala*
16. *Inga barbourii*
17. *Inga densiflora*
18. *Inga mortoniana*
19. *Inga micheliana*
20. *Inga ruiziana*
21. *Inga nobilis*
22. *Inga capitata*
23. *Inga punctata*
24. *Inga stenophylla*

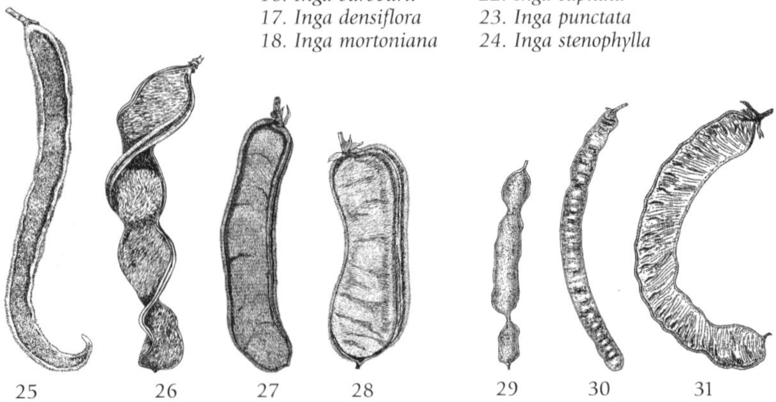

25. *Inga litoralis*
26. *Inga herrerae*
27. *Inga sierrae*
28. *Inga exalata*
29. *Inga skutchii*
30. *Inga thibaudiana*
31. *Inga multijuga*

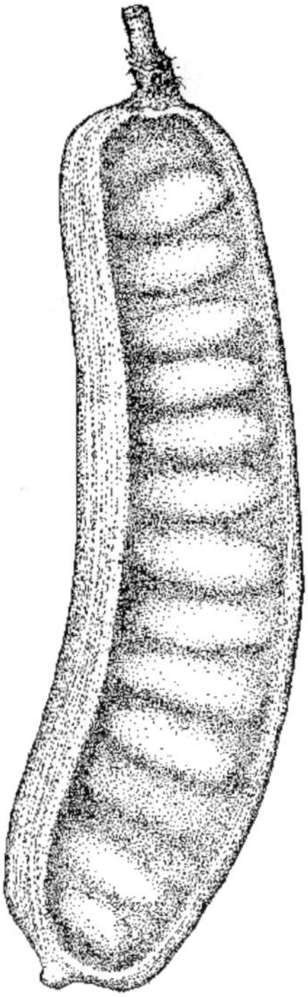

32

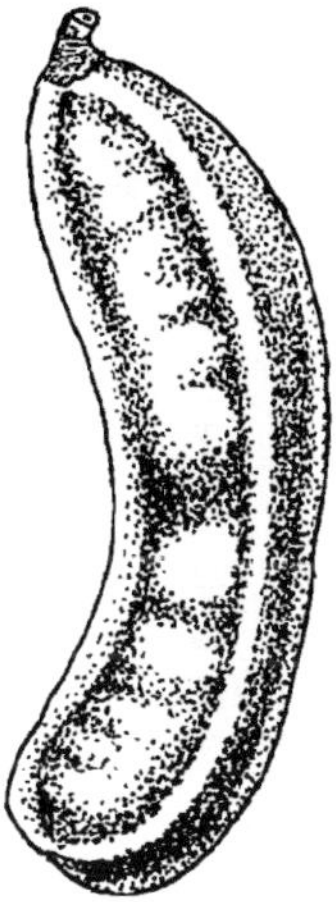

33

32. *Inga spectabilis*

33. *Inga sapindoides*

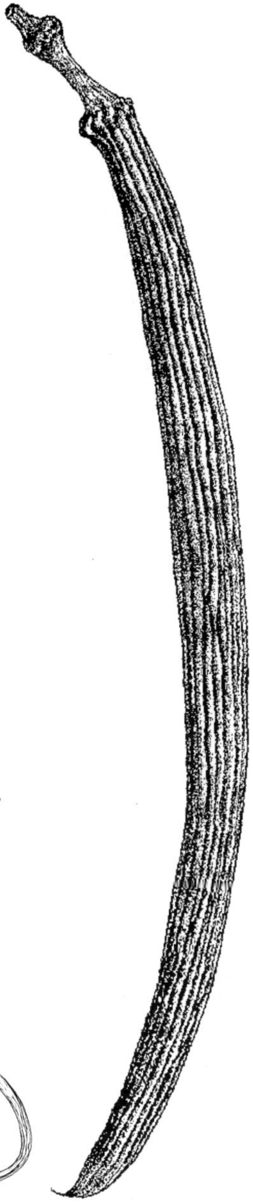

34. *Inga vera*
35. *Inga chocoensis*
36. *Inga oerstediana*
37. *Inga cocleensis*
38. *Inga edulis*

34

35

36

37

38

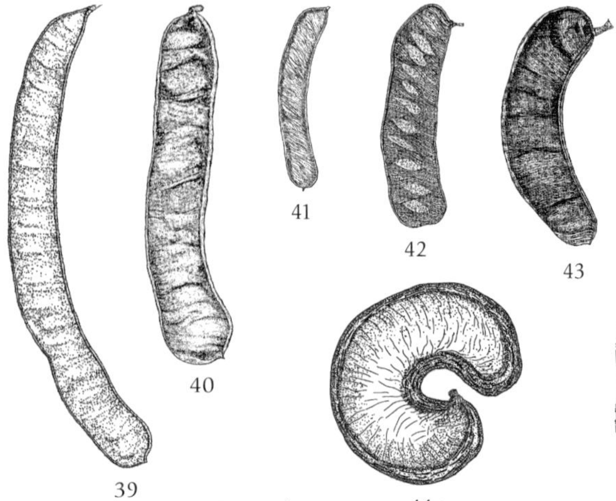

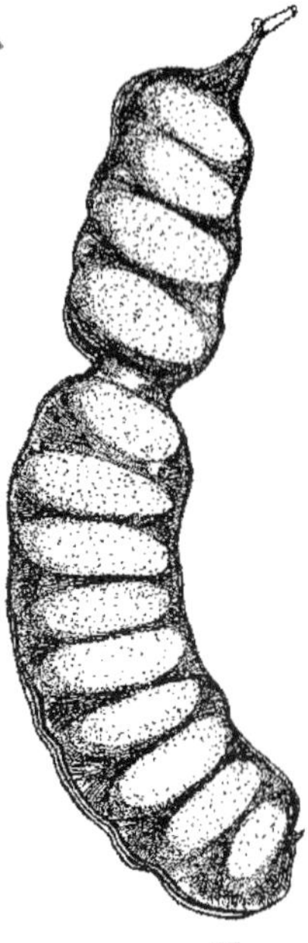

39. *Inga jefensis*
40. *Inga allenii*
41. *Inga polita*
42. *Inga sertulifera*
43. *Inga umbellifera*
44. *Inga golfodulcensis*
45. *Inga jinicuil*

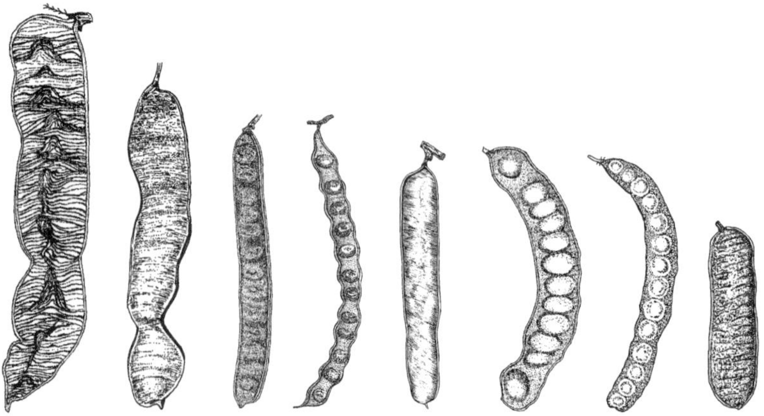

46. *Inga pezizifera*
47. *Inga longispica*
48. *Inga coruscans*
49. *Inga cylindrica*
50. *Inga samanensis*
51. *Inga alba*
52. *Inga marginata*
53. *Inga laurina*

Bibliografía

Bentham, G. 1845. Notes on the *Mimoseae*, with a synopsis of species. London J. Bot. 4: 577-622.

Bentham, G. 1875. Revision of the suborder *Mimoseae*. Trans. Linn. Soc. London. 30(3): 600-632.

DeVries, P.J. 1991. *Catasticta teutilla*. *In*: Historia Natural de Costa Rica. D.H. Janzen (ed.); traducción Manuel Chavarría, 1 ed. San José, CR. Editorial Universidad de Costa Rica. 719 p.

Hands, M.R. 1998. The uses of *Inga* in the acid soils of the rainforest zone: Alley-cropping sustainability and soil-regeneration. *In*: The genus *Inga* Utilization. Pennington, T.D. y Fernandes, E.C.M. (eds.). Royal Botanic Gardens, Kew, Inglaterra. p. 53-86.

Howell, D.J. *Glossophaga soricina*. *In*: Historia Natural de Costa Rica. D.H. Janzen (ed.); traducción Manuel Chavarría, 1 ed. San José, CR. Editorial Universidad de Costa Rica. p. 486-488.

Koptur, S. 1991. *Inga* (Leguminosae). *In*: Historia Natural de Costa Rica. D.H. Janzen (ed.); traducción Manuel Chavarría, 1 ed. San José, CR. Editorial Universidad de Costa Rica. p. 262-264.

Koptur, S. 1983a. Flowering phenology and floral ecology of *Inga* (*Fabaceae: Mimosoideae*). Sist. Bot. 8(4): 354-368.

León J. 1998. History of the Utilization of *Inga* as Fruit Trees in Mesoamerica and Peru. *In*: The genus *Inga* Utilization. Pennington, T.D. y Fernandes, E.C.M. (eds.). Royal Botanic Gardens, Kew, Inglaterra. p. 5-13.

León J. 1998. *Inga* as shade for coffee, cacao and tea: historical aspects and present day utilization. *In*: The genus *Inga* Utilization. Pennington, T.D. y Fernandes, E.C.M. (eds.). Royal Botanic Gardens, Kew, Inglaterra. p. 5-13.

León, J. 1966. Central America and West Indian species of *Inga* (*Leguminosae*). Ann. Missouri Bot. Gard. 53(3): 265-359.

Pennington, T.D. 1997. The genus *Inga* Botany. Royal Botanic Gardens, Kew. 844 p.

Pennington, T.D. y Fernandes, E.C.M. (eds.). 1998. The genus *Inga* Utilization. Royal Botanic Gardens, Kew, Inglaterra. 167 p.

Pittier, H. 1916. Preliminary revision of the genus *Inga*. Contr. U.S. Natl. Herb. 18(5): 173-223.

Pittier, H. 1929. The Middle American species of the genus *Inga*. J. Dept. Agric. Puerto Rico 13(4): 117-177.

Poncy, O. 1985. Le Genre *Inga* (Légumineuses, *Mimosoideae*) en Guyane Francaise. Mém. Mus. Natl. Hist. Nat., B., Bot. 31: 1-124.

Schal, C. 1991. *Balberus giganteus* y *Xestoblatta hamata*. *In*: Historia Natural de Costa Rica. D.H. Janzen (ed.); traducción Manuel Chavarría, 1 ed. San José, CR. Editorial Universidad de Costa Rica. p. 706-709.

Sousa, M. 1993. El género *Inga* (*Leguminosae: Mimosoideae*) del sur de México y Centroamérica, estudio previo para la Flora Mesoamericana. Ann. Missouri Bot. Gard. 80: 223-269.

Stiles, F.G. 1991. *Vermivora peregrina*. *In:* Historia Natural de Costa Rica. D.H. Janzen (ed.); traducción Manuel Chavarría, 1 ed. San José, CR. Editorial Universidad de Costa Rica. p. 624-625.

Wood, T.K. 1991. *Umbonia crassicornis*. *In*: Historia Natural de Costa Rica. D.H. Janzen (ed.); traducción Manuel Chavarría, 1 ed. San José, CR. Editorial Universidad de Costa Rica. p. 787-790.

Zamora, N. 1991. Tratamiento de la familia Mimosaceae (Fabales) de Costa Rica. Brenesia 36: 63-149.

Índice

– J –

– L –

– M –

– P –